영재학급, 영재교

창의사고력 초등 수학 팩토

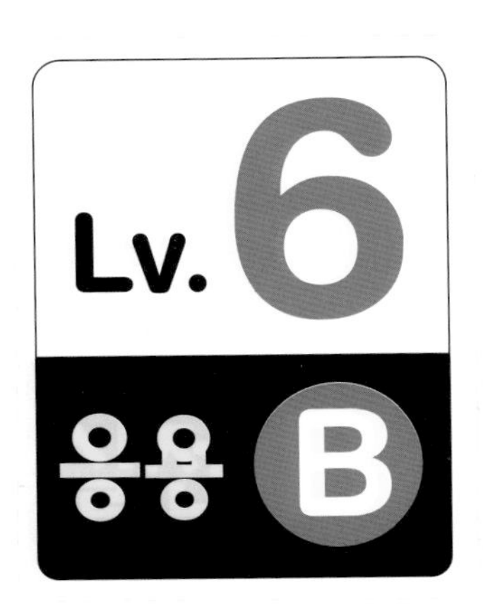

개념과 원리의 탄탄한 이해를
바탕으로 한 사고력만이
진짜 실력입니다.

이 책의 구성과 특징

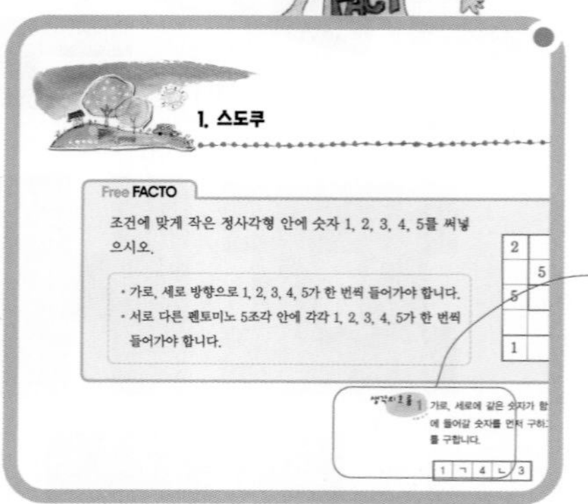

Free FACTO

창의사고력 수학 각 테마별
대표적인 주제 6개가 소개됩니다.
생각의 흐름을 따라 해 보세요!
해결의 실마리가 보입니다.

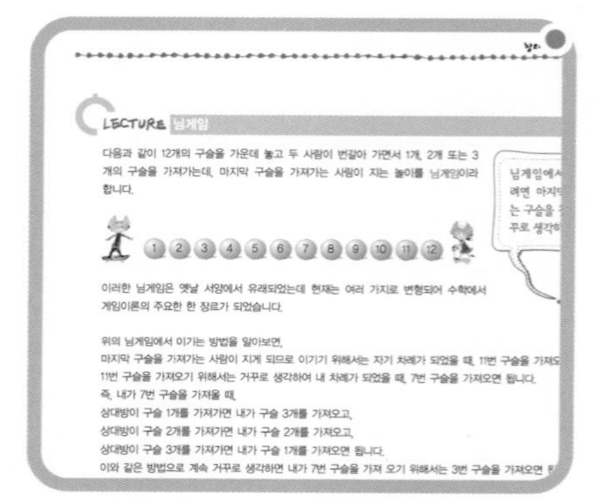

Lecture

문제를 해결하는 데 필요한
개념과 원리가 소개됩니다.
역사적인 배경,
수학자들의 재미있는 이야기로
수학에 대한 흥미가 송송!

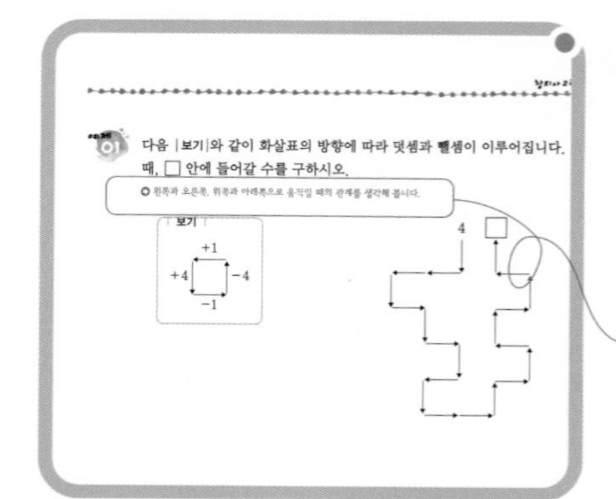

Active FACTO

자! 그럼 예제를 풀어 볼까?
자신감을 가지고 앞에서 살펴본
유형의 문제를 해결해 봅시다.
힘을 내요!
힘을 실어 주는 화살표가 있어요.

Creative FACTO

세 가지 테마가 끝날 때마다
응용 문제를 통한 한 단계 Upgrade!
탄탄한 기본기로 창의력을 발휘해요.

Key Point
해결의 실마리가 숨어 있어요.

Thinking FACTO

각 영역별 6개 주제를 모두 공부했다면
도전하세요!
창의적인 생각이 문제해결 능력으로
완성됩니다.

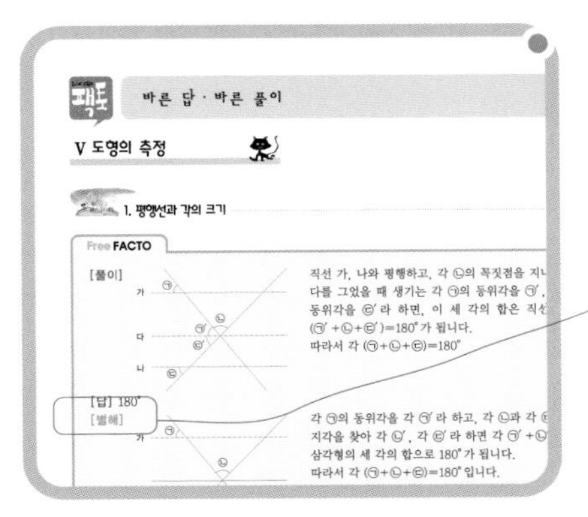

바른 답 · 바른 풀이

바른 답 · 바른 풀이와 함께
논리적으로 정리해요.

다양한 생각도 있답니다.

이 책의 차례

다음과 같이 수를 도형으로 나타냅니다.

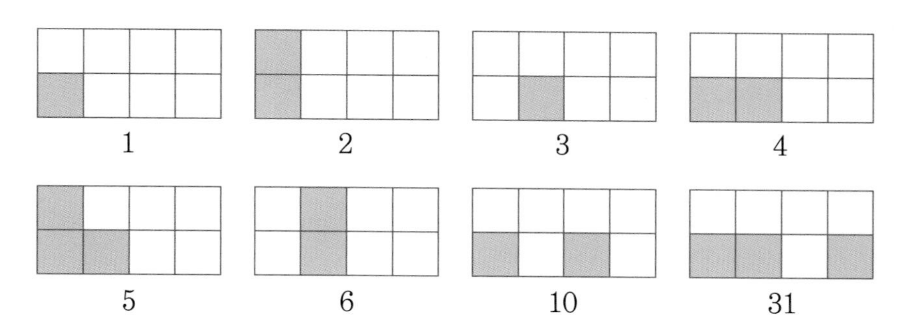

(1) 다음 도형이 나타내는 수는 얼마입니까?

각 칸이 나타내는 수를 구합니다.

1	3	9	27
1	3	9	27

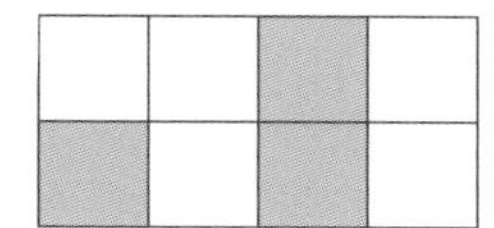

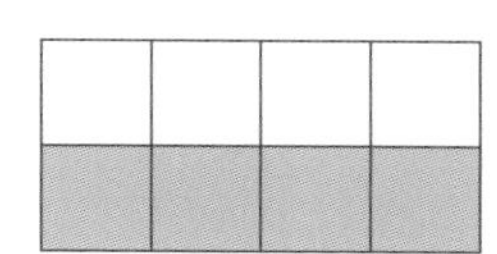

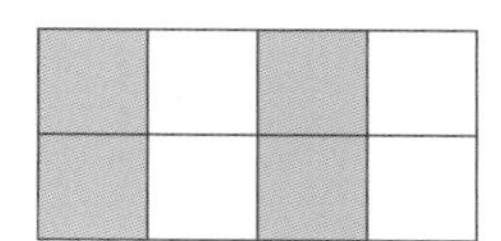

(2) 다음 수를 도형으로 나타내시오.

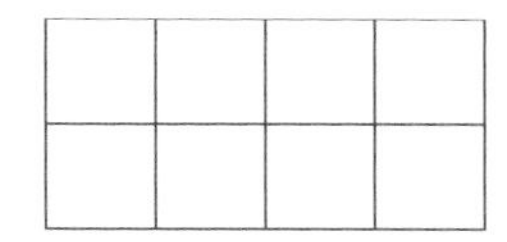

11

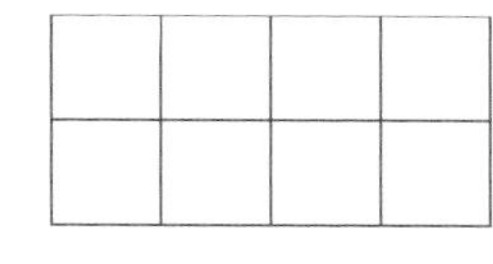

55

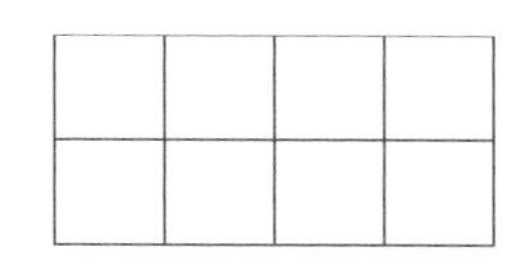

36

3. 조건과 수

Free FACTO

어떤 세 자리 수가 있습니다. 600보다 작은 이 세 자리 수는 백의 자리 숫자가 십의 자리 숫자보다 크고, 십의 자리 숫자가 일의 자리 숫자보다 큽니다. 어떤 세 자리 수가 될 수 있는 수는 모두 몇 개입니까?

생각의 흐름

1 600보다 작으므로 백의 자리 숫자가 5일 때, 조건에 맞는 수를 나뭇가지 그림을 그려서 알아봅니다.

백	십	일	
5	4	3	··· 543
		2	··· 542
		1	··· 541
		0	··· 540
	3	2	··· 532
		1	··· 531
		0	··· 530
		⋮	

2 같은 방법으로 백의 자리 숫자가 4, 3, 2일 때, 조건에 맞는 수를 구해 봅니다.

3 **1**, **2**에서 구한 수의 개수를 모두 더합니다.

LECTURE 각 자리의 숫자가 점점 커지는 수

다음 수들은 백의 자리 숫자보다 십의 자리 숫자가 더 크고, 십의 자리 숫자보다 일의 자리 숫자가 더 큽니다.

124, 268, 345, 489, 567, 459

세 자리 수 중에서 이런 수는 모두 몇 개 있을까요? 물론 나뭇가지 그림을 그려서 알아볼 수도 있지만 간단하게 알아볼 수도 있습니다.
1에서 9까지의 서로 다른 세 수 2, 5, 6을 뽑았다고 할 때, 2, 5, 6으로 만들 수 있는 세 자리 수는 256, 265, 526, 562, 625, 652 여섯 개입니다. 이 중에서 위의 조건에 맞는 수는 256 단 하나뿐입니다.
따라서 위의 조건에 맞는 수는 1에서 9까지의 수를 한 번씩 사용하여 만들 수 있는 세 자리 수의 개수를 모두 구한 후, 6으로 나누어 주면 됩니다.

각 자리의 숫자가 점점 커지는 세 자리 수의 개수는 1에서 9까지의 수를 한 번씩 사용하여 만들 수 있는 세 자리 수의 개수를 6으로 나누면 돼!
물론, 0이 사용되면 좀더 복잡해지지!

다음 숫자 카드 중에서 3개를 골라 세 자리 수를 만듭니다. 이때, 일의 자리 숫자가 십의 자리 숫자보다 크고, 십의 자리 숫자가 백의 자리 숫자보다 크다고 할 때, 만들 수 있는 수는 모두 몇 개입니까?

백의 자리 숫자가 될 수 있는 수는 1, 3, 5입니다. 각각의 경우에 만들 수 있는 세 자리 수를 나뭇가지 그림을 그려서 구합니다.

1	3	5	6	8

다음은 네 자리 수의 크기를 비교한 것입니다. 47○9의 ○ 안에 어떤 숫자를 넣어도 4□□5보다 작다고 할 때, 4□□5가 될 수 있는 수는 모두 몇 개입니까?

○는 가장 큰 숫자인 9라고 생각해 봅니다.

47○9 < 4□□5

Creative 팩토

다음은 고대 그리스의 수 표기법입니다. 빈칸에 알맞은 수를 써넣으시오.

1	5	10	50	100	500	1000
Ι	Γ	Δ	𐅄	Η	𐅅	Χ
6	9	47	60		185	
ΓΙ	ΓΙΙΙΙ	ΔΔΔΔΓΙΙ	𐅄Δ	Η𐅄Ι	Η𐅄ΔΔΔΓ	𐅅ΗΙΙΙ

KeyPoint
1에서 10까지의 수를 써 보면
Ι, ΙΙ, ΙΙΙ, ΙΙΙΙ, Γ, ΓΙ, ΓΙΙ, ΓΙΙΙ, ΓΙΙΙΙ, Δ 입니다.

다음은 어떤 규칙에 따라 수를 나타낸 것입니다.

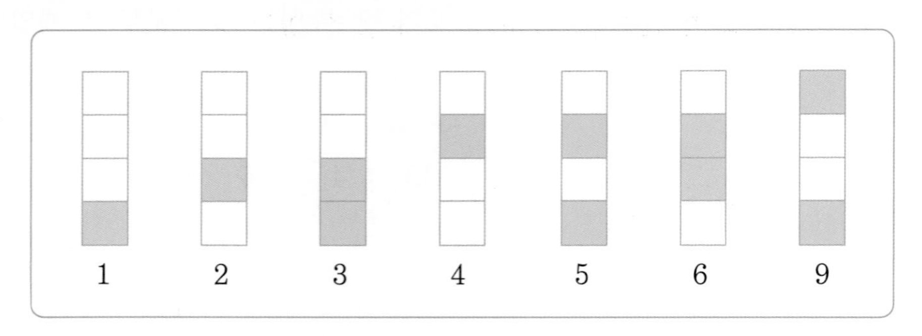

다음 모양이 나타내는 수는 얼마입니까?

KeyPoint
각 칸이 나타내는 수를 구해 봅니다.

칸에 ╱ 또는 ╳를 넣어 다음과 같은 규칙으로 수를 만듭니다.

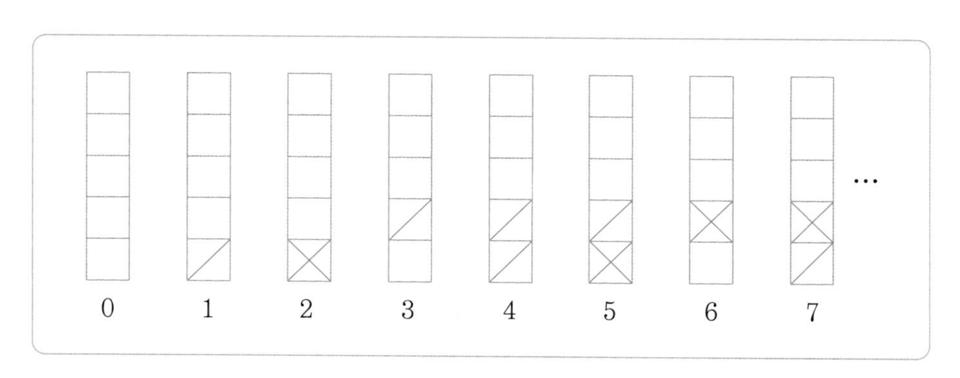

(1) 다음 모양이 나타내는 수를 쓰시오.

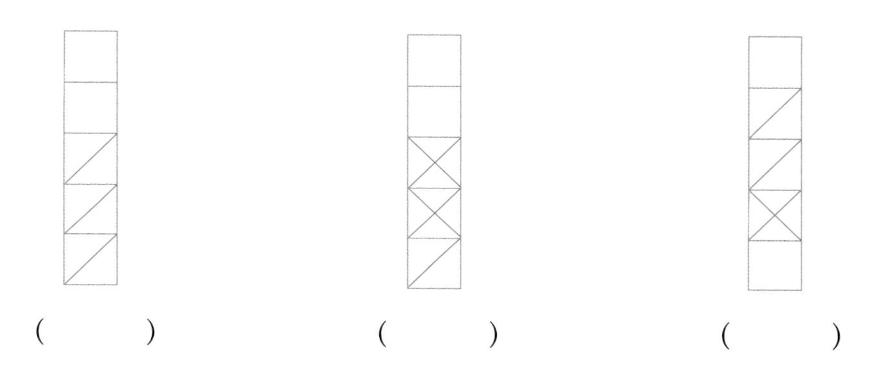

(2) 다음 수에 맞게 ╱ 또는 ╳를 그려 넣으시오.

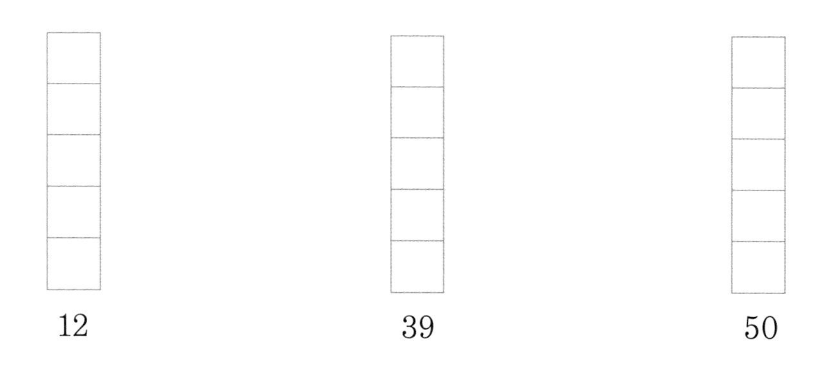

4. 0의 개수

Free FACTO

수 304000의 끝에 붙은 0의 개수는 3개입니다. 1에서 10까지의 수를 곱할 때, 그 곱의 끝에 붙은 0의 개수는 모두 몇 개입니까?

생각의 흐름

1 $1\times2\times3\times4\times5\times6\times7\times8\times9\times10$에서 계산 결과의 끝에 붙은 0의 개수에 영향을 주는 수를 찾습니다.

2 2와 5를 한 번 곱하면 0이 하나 생깁니다. 1에서 10까지의 수 중 2의 곱으로 나타낼 수 있는 수보다 5의 곱으로 나타낼 수 있는 수가 더 적습니다.
따라서 5의 개수를 이용하여 0의 개수를 구합니다.

LECTURE 0의 개수

다음은 10의 배수가 아닌 수를 곱하여 10, 100, 1000, 100000을 만든 것입니다.

$2\times5=10$

$2\times2\times5\times5=4\times25=100$

$2\times2\times2\times5\times5\times5=8\times125=1000$

$2\times2\times2\times2\times2\times5\times5\times5\times5\times5=32\times3125=100000$

이와 같이 곱하여 그 곱의 끝에 붙어 있는 0은 항상 2와 5의 곱에 의해 생기는 것입니다.
따라서 곱의 끝에 있는 0의 개수를 구하려면 2와 5의 곱이 몇 개 있는지를 구하면 됩니다.

0부터 9까지의 숫자 카드 중에서 3장을 뽑았습니다. 이 3장의 숫자 카드로 만들 수 있는 가장 큰 세 자리 수와 가장 작은 세 자리 수의 차를 구하였더니 423이었습니다. 이때, 3장의 숫자 카드에 쓰인 숫자의 합을 구하려고 합니다. 물음에 답하시오.

(1) 뽑은 3장의 숫자 카드에 0이 없다고 할 때, 3장의 숫자 카드를 크기 순으로 ㉠, ㉡, ㉢이라고 합시다. 그러면 가장 큰 수와 가장 작은 수는 ㉠㉡㉢과 ㉢㉡㉠이 됩니다. 이 두 수의 차가 423이 될 수 있습니까? 없다면 그 이유를 설명하시오.

Key Point

오른쪽 식을 만족하는 ㉡이 있을 수 있는지 생각해 봅니다.

$$\begin{array}{r} ㉠㉡㉢ \\ -\ ㉢㉡㉠ \\ \hline 4\ 2\ 3 \end{array}$$

(2) 뽑은 3장의 숫자 카드에 0이 있다고 할 때, 3장의 숫자 카드를 크기 순으로 ㉠, ㉡, 0이라고 합시다. 그러면 가장 큰 수와 가장 작은 수를 ㉠, ㉡, 0을 사용하여 만들어 보시오.

Key Point

0은 백의 자리에 올 수 없습니다.

(3) (2)에서 구한 두 수의 차가 423일 때, ㉠, ㉡을 구하시오.

(4) 3장의 숫자 카드에 쓰인 숫자의 합을 구하시오.

Thinking 팩토

고대 바빌로니아 사람들은 일 (∨)과 십(<)의 두 기호만을 사용하여 수를 나타냈다고 합니다. 다음 표에서 ㉠에 알맞은 수는 무엇입니까?

8		13		61		132		㉠	
	∨∨∨∨∨∨∨∨		<∨∨∨	∨	∨	∨∨	<∨∨	∨∨∨	<<∨∨∨

다음과 같이 규칙에 따라 수를 나타내었습니다.

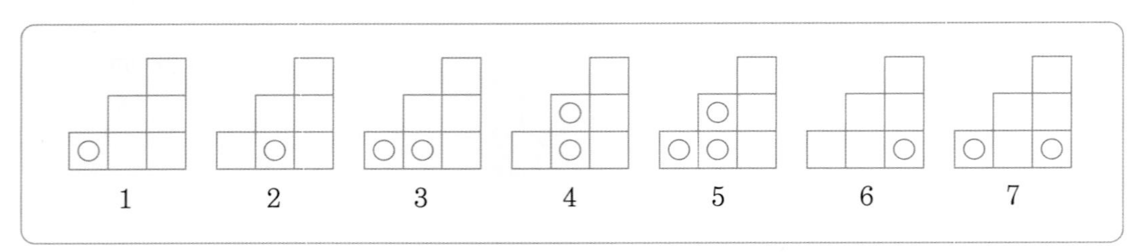

다음 모양이 나타내는 수는 무엇입니까?

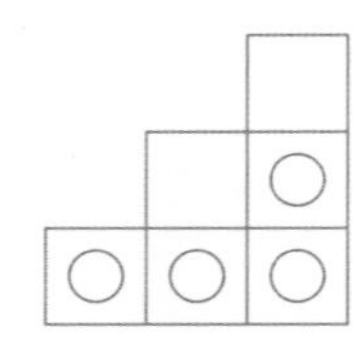

어떤 두 자리 수에서 십의 자리와 일의 자리 숫자를 바꾸고, 그 수에 16을 더했더니 75가 되었습니다. 어떤 두 자리 수는 무엇입니까?

1에서 9999까지의 수 중에서 200, 1001, 2300과 같이 숫자 0이 연속하여 2개 붙어 있는 수는 모두 몇 개입니까? (단, 1000과 같이 0이 연속하여 3개 붙어 있는 수는 제외합니다.)

어떤 두 수를 곱하였더니 10000이 되었습니다. 어떤 두 수 모두 각 자리에 숫자 0을 가지고 있지 않는 수일 때, 그 두 수는 각각 무엇입니까?

다음과 같이 !은 1부터 주어진 수까지의 모든 자연수의 곱을 말합니다.

$4!=1\times2\times3\times4$

$8!=1\times2\times3\times4\times5\times6\times7\times8$

$20!=1\times2\times3\times\cdots\times18\times19\times20$

26!을 계산했을 때, 일의 자리부터 연속되는 0의 개수는 모두 몇 개입니까?

다음 4장의 숫자 카드를 두 번씩 사용하여 만들 수 있는 여덟 자리 수 중에서 가장 큰 수와 가장 작은 수의 차는 47408823입니다. ? 에 쓰여 있는 숫자는 무엇입니까?

7	3	0	?

(1) ? 가 7이거나 7보다 큰 수라고 할 때, 가장 큰 수와 가장 작은 수를 ?를 사용하여 써 보시오. 두 수의 차가 47408823이 될 수 있습니까?

(2) ? 가 3이거나 3보다 크고 7보다 작은 수라고 할 때, 가장 큰 수와 가장 작은 수를 ?를 사용하여 써 보시오. 두 수의 차가 47408823이 될 수 있습니까?

(3) ? 가 3보다 작은 수라고 할 때, 가장 큰 수와 가장 작은 수를 ?를 사용하여 써 보시오. 두 수의 차가 47408823이 될 수 있습니까?

(4) ? 에 쓰여 있는 숫자는 무엇입니까?

Memo

다음 4장의 숫자 카드를 두 번씩 사용하여 만들 수 있는 여덟 자리 수 중에서 가장 큰 수와 가장 작은 수의 차는 47408823입니다. ? 에 쓰여 있는 숫자는 무엇입니까?

7	3	0	?

(1) ? 가 7이거나 7보다 큰 수라고 할 때, 가장 큰 수와 가장 작은 수를 ?를 사용하여 써 보시오. 두 수의 차가 47408823이 될 수 있습니까?

(2) ? 가 3이거나 3보다 크고 7보다 작은 수라고 할 때, 가장 큰 수와 가장 작은 수를 ?를 사용하여 써 보시오. 두 수의 차가 47408823이 될 수 있습니까?

(3) ? 가 3보다 작은 수라고 할 때, 가장 큰 수와 가장 작은 수를 ?를 사용하여 써 보시오. 두 수의 차가 47408823이 될 수 있습니까?

(4) ? 에 쓰여 있는 숫자는 무엇입니까?

Memo

Ⅶ 논리추론

1. 패리티

Free FACTO

3개의 컵을 다음과 같이 위로 향하게 놓았습니다. 한 번에 컵을 2개씩 뒤집는 것을 반복한다고 할 때, 3개의 컵을 모두 아래로 향하게 놓을 수 있습니까? 있다면 그 방법을 설명하고, 없다면 그 이유를 설명하시오.

생각의 흐름

1 위로 향한 컵의 개수는 홀수 개입니다. 한 번에 2개의 컵을 뒤집어 놓을 때 위로 향한 컵의 개수가 홀수 개가 되는지 짝수 개가 되는지 알아봅니다.

2 첫째 번으로 컵 2개를 뒤집은 다음, 둘째 번으로 컵 2개를 골라 뒤집는 방법은 3가지가 있습니다.

위로 향한 컵의 개수가 짝수 개인지 홀수 개인지 알아봅니다.

3 모두 아래로 향하게 놓는 경우는 위로 향한 컵의 개수가 0개일 때이므로 짝수 개일 때입니다. 짝수, 홀수의 성질을 이용하여 3개의 컵을 모두 아래로 향하게 놓을 수 없는 이유를 설명합니다.

앞면에는 1, 뒷면에는 2가 쓰인 숫자 카드가 2장 있습니다. 처음에 다음과 같이 1과 2가 보이도록 놓고, 한 번에 한 장씩 뒤집기를 10번 했습니다. 이때, 보이는 두 면의 수의 합은 얼마인지 구하고, 그 이유를 설명하시오.

숫자 카드를 한 번 뒤집어서 나올 수 있는 경우는 [2][2], [1][1]이고, 두 번 뒤집어서 나올 수 있는 경우는 [1][2], [2][1]입니다.

1 2

다음 그림의 선은 어떤 마을의 길을 나타냅니다. 한 순경이 파출소에서 출발하여 모든 길을 순찰한 다음에 다시 파출소로 돌아오려고 합니다. 이 순경이 걸어야 하는 거리는 적어도 몇 km입니까?

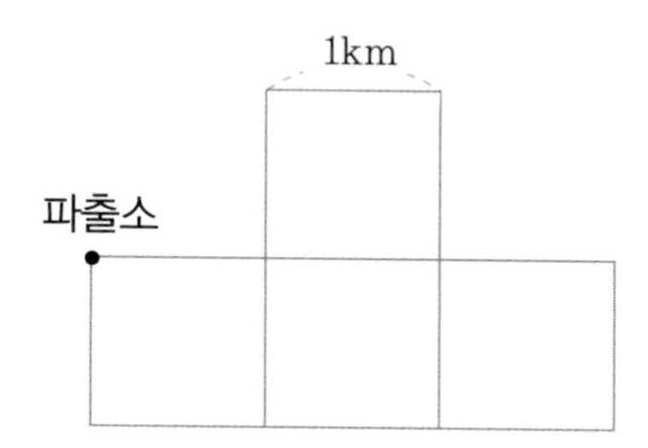

Key Point

홀수점이 2개이므로 모든 길을 한 번씩만 지나서 출발 위치로 돌아올 수는 없습니다. 따라서 한 번 지난 길을 다시 지날 수밖에 없습니다. 중복하여 지나는 횟수를 가장 적게 합니다.

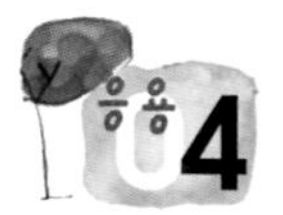

5개의 금화 중에 진짜 금화보다 가벼운 가짜 금화가 1개 섞여 있다고 합니다. 가짜 금화를 알아내려면 양팔저울을 적어도 몇 번 사용해야 합니까?

Key Point

2개씩 양팔저울의 양쪽 접시에 올려서 나온 결과에 따라 경우를 나누어 생각합니다.

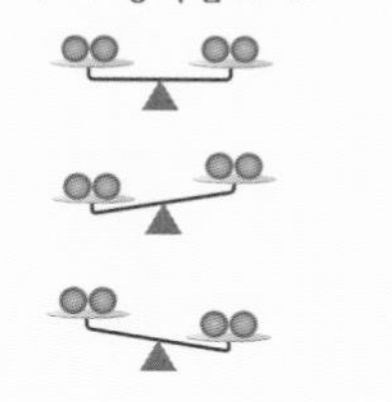

명석이는 오늘 집에서 출발하여 병원, 서점, 도서관, 편의점, 동사무소에 들른 다음, 다시 집으로 돌아오려고 합니다. 각 건물 사이의 거리를 나타낸 다음 약도를 보고, 명석이는 오늘 적어도 몇 m를 걸어야 하는지 구하시오.

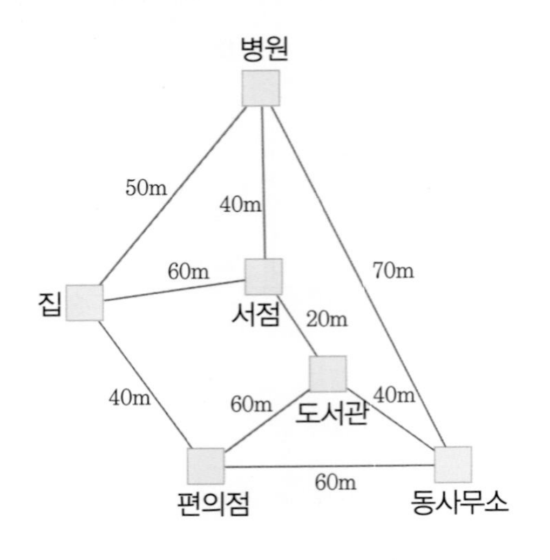

Key Point

각 건물을 한 번씩만 들러서 집으로 돌아오면 됩니다.
각 건물에 연결된 선이 2개만 남도록 선을 지우면 이동 경로가 된다는 점을 생각하여 거리가 긴 선부터 지워 봅니다.

6개의 금화 중에 가짜 금화가 하나 있는데, 진짜 금화와 가짜 금화는 무게가 다르다고 합니다. 가짜 금화가 진짜 금화보다 무거운지 가벼운지는 알 수 없습니다. 다음은 각 금화에 ①에서 ⑥까지 번호를 붙이고 양팔저울에 달아본 결과입니다. 가짜 금화는 몇 번이고, 가짜 금화가 진짜 금화보다 무거운지 가벼운지 구하시오.

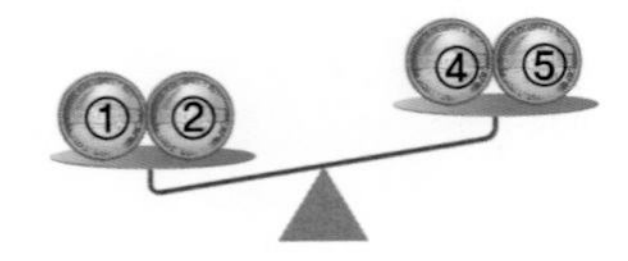

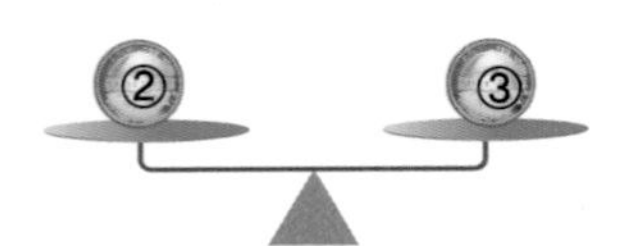

Key Point

첫째 번 그림과 둘째 번 그림을 비교해 보면 ①과 ⑤는 가짜 금화가 아닌 것을 알 수 있습니다.

그림과 같이 투명한 A 상자에는 공깃돌이 205개가 들어 있고, B 상자에는 공깃돌이 502개가 들어 있습니다. 한 번에 두 상자에서 같은 개수만큼의 공깃돌을 꺼내거나, 한 상자에서 다른 상자로 공깃돌을 옮길 수 있다고 합니다. 몇 번의 시행 후에 두 상자에 남아 있는 공깃돌의 개수를 같게 하려고 합니다. 그 방법을 찾아보시오. (단, 매번 가져가는 공깃돌의 개수는 다를 수 있습니다.)

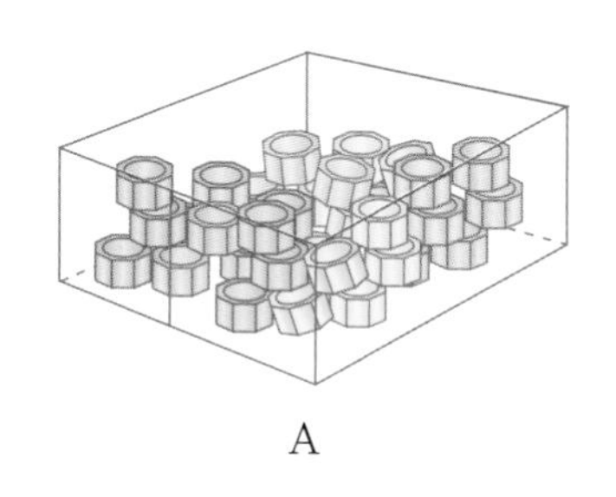

A

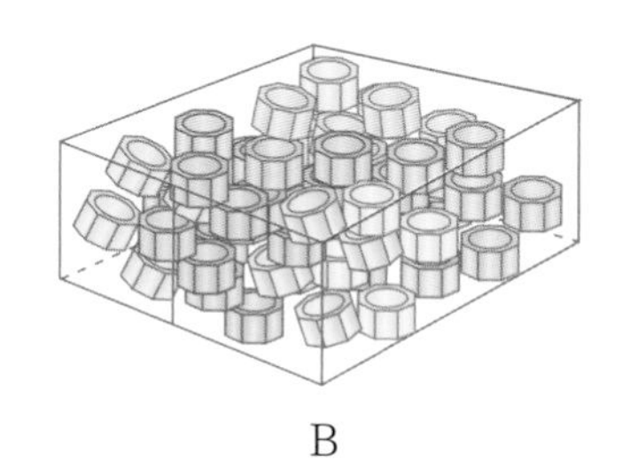

B

(1) B 상자에서 공깃돌을 A 상자로 옮겨서 두 상자에 남아 있는 공깃돌의 개수를 같게 만들 수 있습니까? 있다면 그 방법을 설명하고, 없다면 그 이유를 설명하시오.

Key Point

공깃돌의 개수를 모두 구하고, 똑같이 둘로 나눌 수 있는지 생각합니다.

(2) A 상자와 B 상자에서 같은 개수만큼 공깃돌을 꺼낼 때, 상자에 남아 있는 공깃돌의 개수는 홀수 개입니까, 짝수 개입니까?

(3) 공깃돌을 옮기거나 두 상자에서 같은 개수만큼 꺼내어 두 상자에 남아 있는 공깃돌의 개수를 같게 만들 수 없는 이유를 설명하시오.

4. 수의 배열

Free FACTO

A, B, C, D, E, F, G는 7개의 연속한 수를 나타낸 것입니다. 다음 |조건|에 맞게 왼쪽부터 작은 수를 차례로 써넣으시오.

|조건|
- G−E=3
- B−F=C−D=2
- D가 A보다 큽니다.
- 넷째 번 수는 B입니다.

생각의 흐름
1. B, F와 C, D의 위치를 먼저 생각합니다.
2. G, E의 위치를 찾습니다.
3. D가 A보다 크므로 C, D의 위치를 생각하여 나머지 수들을 크기에 생각하여 알맞게 써넣습니다.

LECTURE 수의 배열

1, 1, 2, 2, 3, 3 여섯 개의 숫자가 있다고 할 때, 두 개의 1 사이에는 하나의 숫자, 두 개의 2 사이에는 두 개의 숫자, 두 개의 3 사이에는 세 개의 숫자가 있도록 수를 나열해 봅시다.
이때, 6개의 칸에 1을 넣는 방법은 다음과 같이 4가지 방법이 있는 반면에, 3을 넣는 방법은 2가지 방법밖에 없습니다.
어떤 수부터 칸에 넣는 것이 더 나을까요?
당연히 방법의 수가 적은 3을 먼저 넣어야 합니다. 3을 넣고, 그 다음에 2를 넣고, 마지막에 1을 넣어야 간단히 풀 수 있습니다.

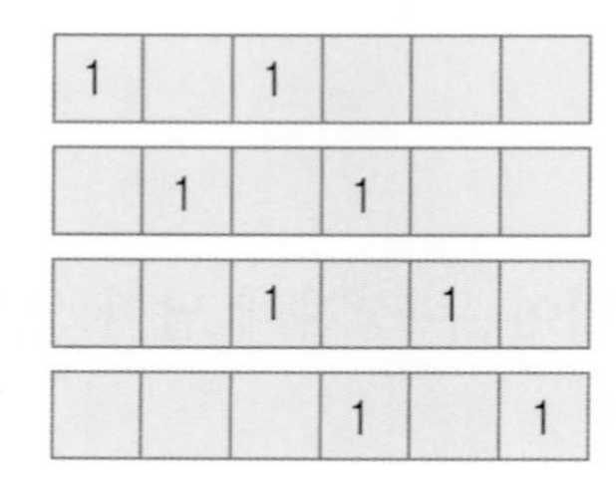

1		1			
	1		1		
		1		1	
			1		1

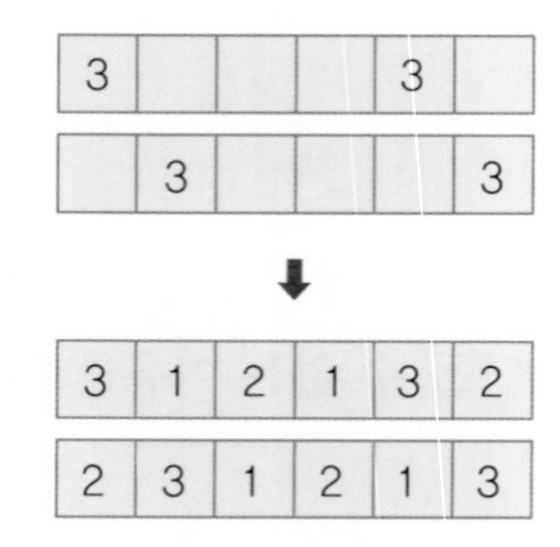

3				3	
	3				3

⬇

3	1	2	1	3	2
2	3	1	2	1	3

수의 배열 문제에서는 단서를 찾으면 문제를 좀 더 간단히 해결할 수 있어!

이와 같이 수의 배열 문제를 풀 때에는 무작정 수를 넣어 보는 것보다는 단서를 찾아 간단히 풀 수 있어야 합니다.

세 명의 학생이 한 줄로 서 있습니다. 선생님께서 빨간 모자 3개와 파란 모자 2개가 있다는 것을 학생들에게 보여 준 다음, 세 명에게 모자를 하나씩 씌웠습니다.

A B C

학생들은 자기의 앞에 있는 사람의 모자만 볼 수 있고, 자기의 모자나 자기 뒤에 있는 사람의 모자는 볼 수 없습니다.
이때, 선생님이 가장 뒤에 있는 C 학생에게 자신의 모자 색을 알겠냐고 물어보았습니다. 그 학생은 생각을 해 보더니 모르겠다고 대답했습니다.
다음으로 중간에 있는 B 학생에게 같은 질문을 했더니, 이 학생도 생각을 한 다음 모르겠다고 대답했습니다.
마지막으로 가장 앞에 앉은 A 학생에게 물어보자, A 학생은 자신의 모자 색을 맞혔습니다. A 학생의 모자 색을 알아봅시다.

(1) A와 B의 모자 색깔이 모두 파란색이라면 C의 모자 색은 무엇입니까?

(2) C가 A와 B의 모자 색깔을 보고도 자신의 모자 색을 알 수 없다고 했습니다. A와 B의 모자 색으로 될 수 있는 경우를 모두 찾아 쓰시오.

(3) B가 A의 모자 색을 보고도 자신의 모자 색을 알 수 없는 이유를 (2)를 이용하여 설명하시오.

(4) A의 모자는 무슨 색입니까?

Memo

다음과 같이 정육면체의 한가운데에 정사각형 모양의 구멍을 뚫었습니다. A, B, C를 지나는 평면으로 잘랐을 때의 단면을 완성하시오.

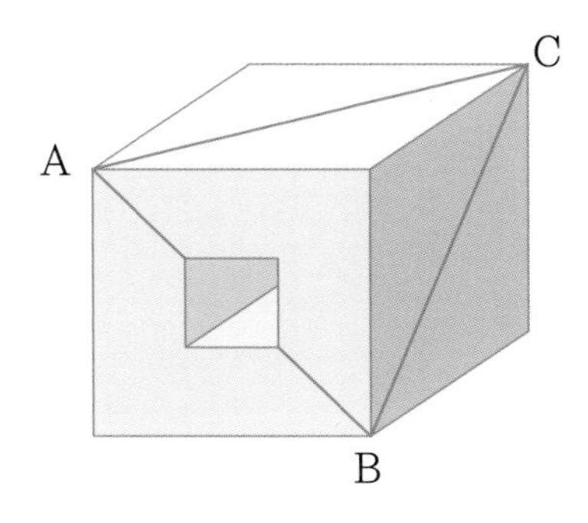

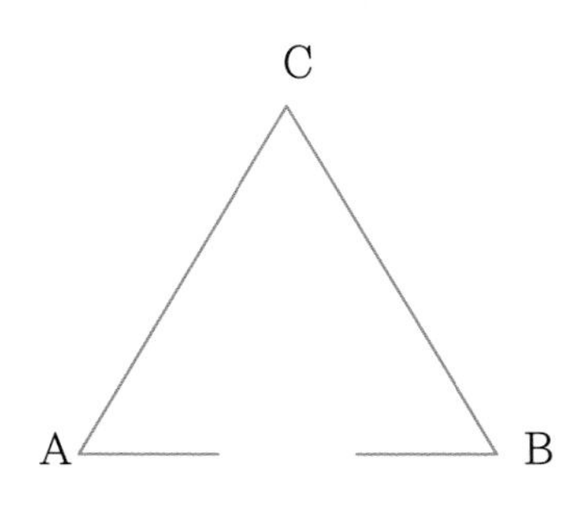

모양과 크기가 같은 블록으로 다음과 같은 모양을 만들었습니다. 몇 개의 블록으로 만든 것인지 구하시오.

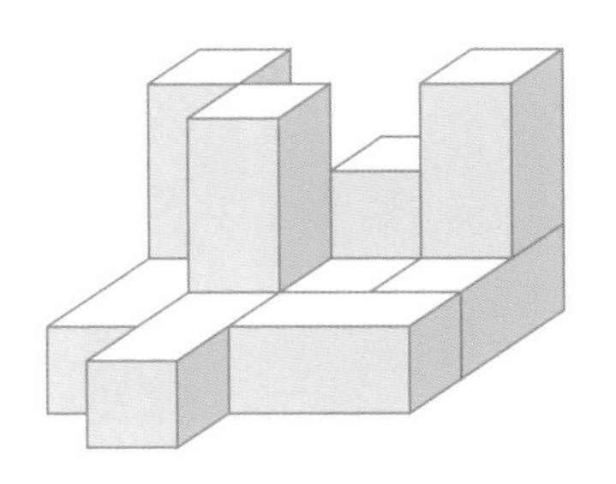

KeyPoint
보이지 않는 블록을 찾아봅니다.

다음 그림은 크기가 다른 세 종류의 정육면체를 겹쳐 쌓아 놓은 다음, 앞과 오른쪽 옆에서 본 것입니다. 이것을 위에서 본 모양을 그리시오.

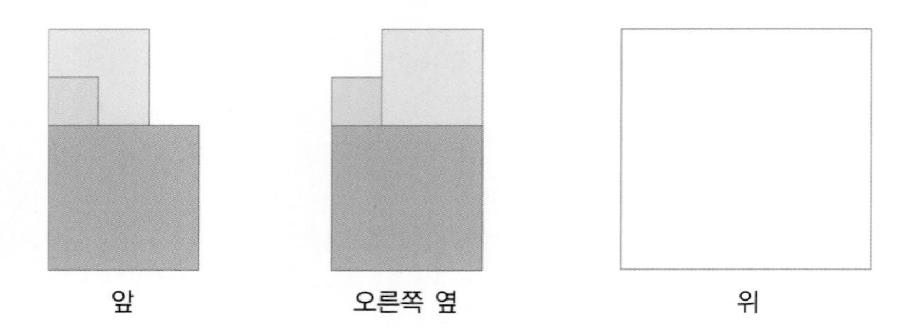

KeyPoint
정육면체가 몇 개 있는지와 위에 있는 정육면체의 위치를 생각해 봅니다.

쌓기나무를 5층으로 쌓았습니다. 각 층의 단면의 모양이 다음과 같을 때, ㉠에서 본 모양을 그리시오.

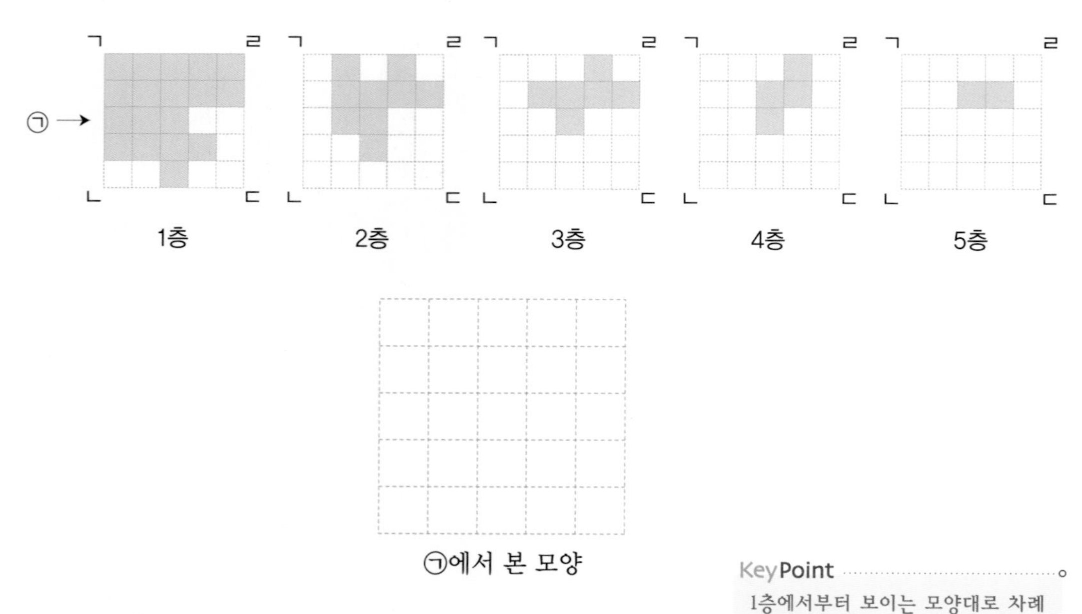

KeyPoint
1층에서부터 보이는 모양대로 차례로 쌓아갑니다.

[그림 1]은 한 모서리의 길이가 1인 정육면체를 A, B, C를 지나는 평면으로 자른 것이고, [그림 2]는 한 모서리의 길이가 2인 정육면체를 각 모서리의 중점인 A, B, C, D, E, F를 지나는 평면으로 자른 것입니다.

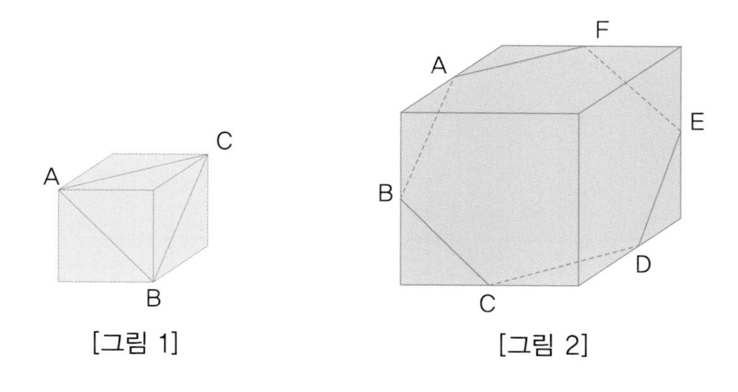

[그림 2]의 단면의 넓이는 [그림 1]의 단면의 넓이의 몇 배입니까?

Key Point
[그림 2]에서 잘린 모양은 정육각형이 됩니다.

4. 쌓기나무의 개수

Free FACTO

다음은 쌓기나무로 쌓은 모양을 위, 앞, 오른쪽 옆에서 본 모양입니다. 이 모양을 만드는 데 사용된 쌓기나무는 모두 몇 개입니까?

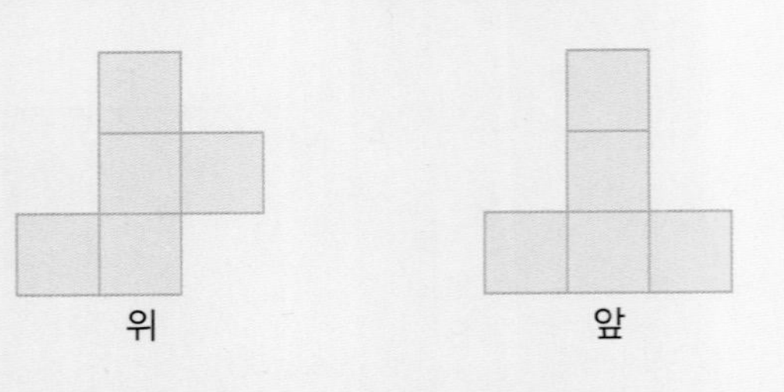

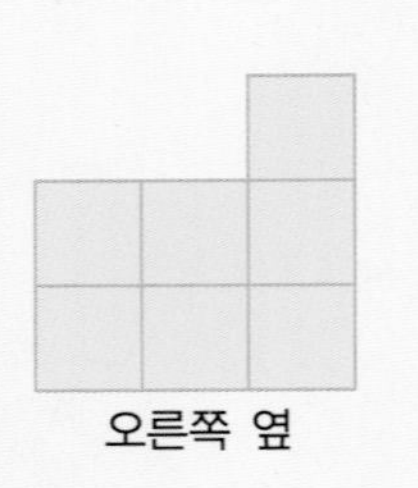

생각의 흐름

1 오른쪽 그림과 같이 위에서 본 모양 아래에 앞에서 본 모양의 개수를 쓰고, 오른쪽 옆에는 오른쪽 옆에서 본 모양의 개수를 씁니다.

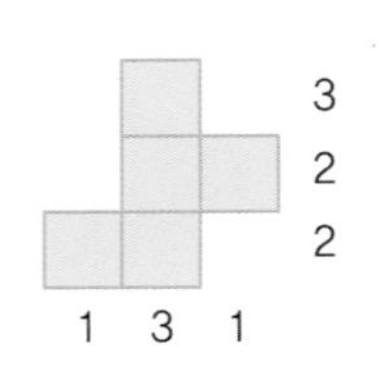

2 쌓기나무의 개수가 1개인 칸에 1을 씁니다.

3 앞, 오른쪽 옆에서 보았을 때 1칸만 있는 줄을 찾아 개수를 씁니다.

4 나머지 빈칸을 채워 수를 모두 더합니다.

다음은 쌓기나무로 쌓은 모양을 위, 앞, 오른쪽 옆에서 본 모양입니다. 이 모양을 만드는 데 사용된 쌓기나무는 모두 몇 개입니까?

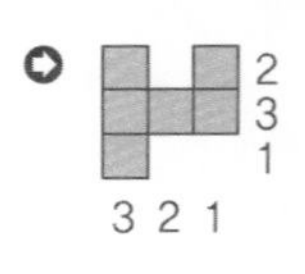

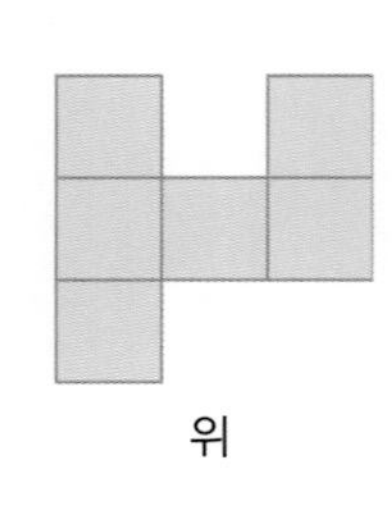

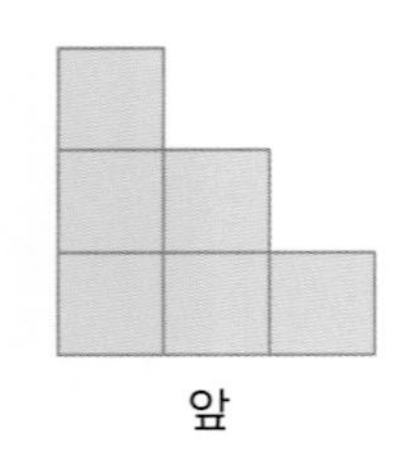

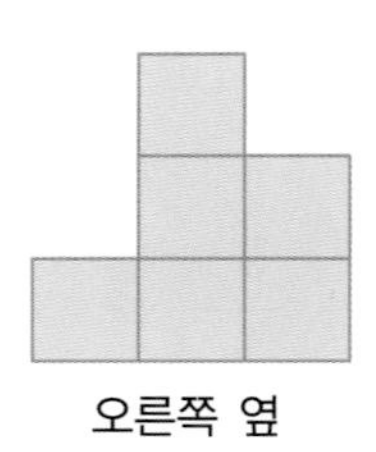

쌓기나무로 쌓은 모양을 위, 앞, 오른쪽 옆에서 본 모양이 다음과 같을 때, 쌓기나무를 모두 몇 개 사용하였는지 구하시오.

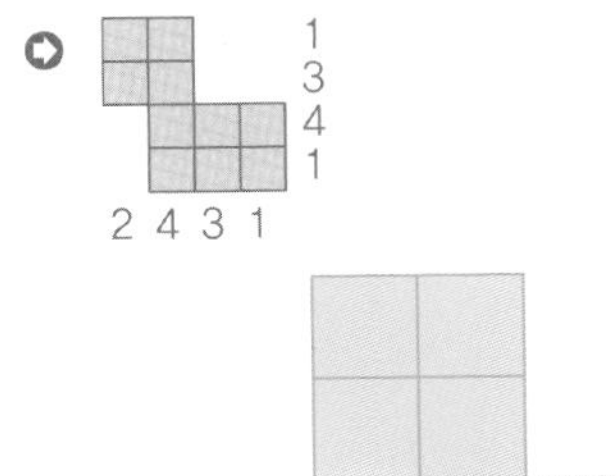

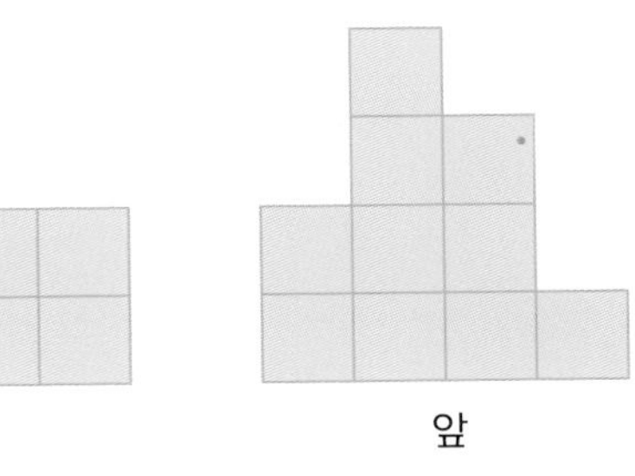

앞

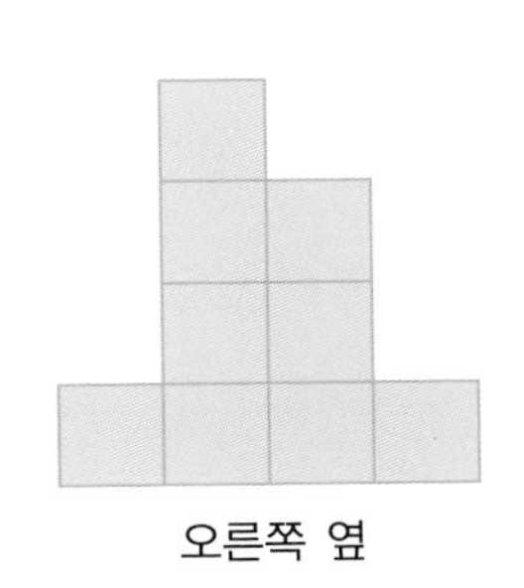

LECTURE 쌓기나무의 개수

위, 앞, 오른쪽 옆에서 본 모양이 다음과 같을 때, 사용된 쌓기나무의 개수를 ①~⑤의 순서에 따라 알아봅니다.

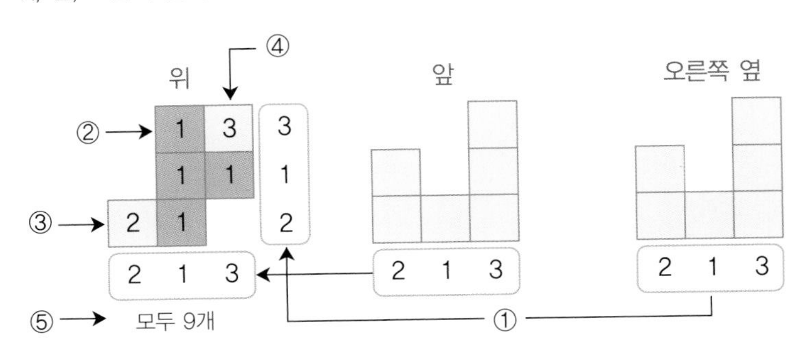

① 앞, 옆에서 본 모양의 개수를 위에서 본 모양의 아래와 옆에 씁니다.
② 앞, 옆에서 본 개수가 1개이므로 색칠된 부분을 채웁니다.
③ 앞에서 보았을 때 한 칸만 있는 줄이므로 2를 씁니다.
④ 가장 큰 수가 들어가는 칸을 채웁니다.
⑤ 위에서 본 모양에 수를 모두 채운 다음, 이를 더하여 쌓기나무의 개수를 구합니다.

5. 쌓기나무를 쌓은 개수의 최대, 최소

다음은 쌓기나무를 쌓아 만든 모양을 위, 앞, 오른쪽 옆에서 본 모양입니다. 이때, 쌓기나무를 가장 많이 사용한 경우의 쌓기나무는 모두 몇 개입니까?

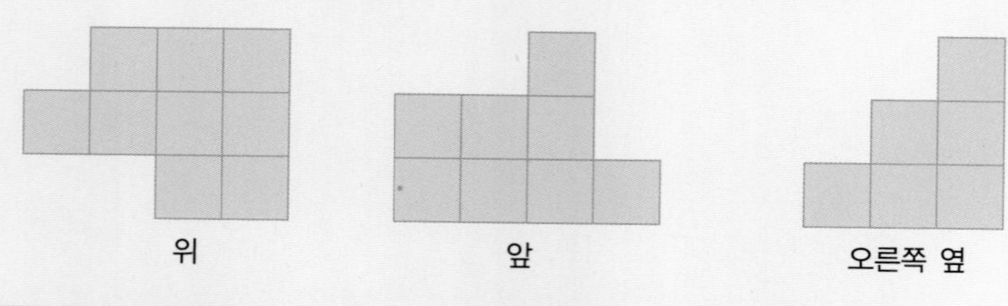

생각의 흐름

1 위에서 본 모양에 앞, 오른쪽 옆에서 본 모양의 개수를 씁니다.

2 개수가 정해진 칸을 채워 넣습니다.

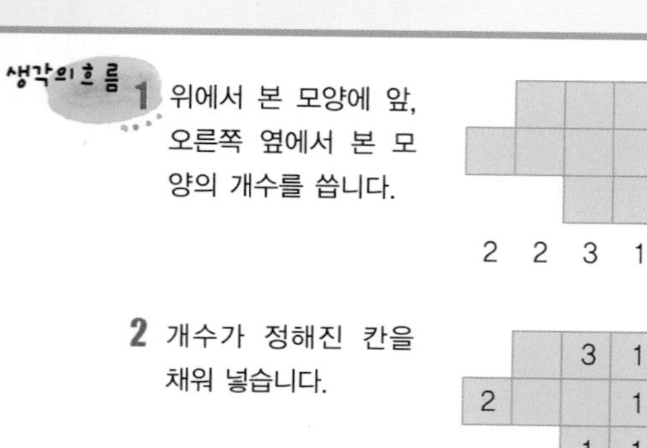

3 나머지 칸에 가장 많이 들어갈 경우를 구합니다.

다음 그림은 쌓기나무로 쌓아 만든 모양을 위, 앞, 오른쪽 옆에서 본 모양입니다. 이때, 쌓기나무를 가장 많이 사용한 경우의 쌓기나무는 모두 몇 개입니까?

위에서 본 모양에 개수가 정해진 칸을 채우고, 나머지 칸에는 개수가 가장 많이 들어가도록 채워 봅니다.

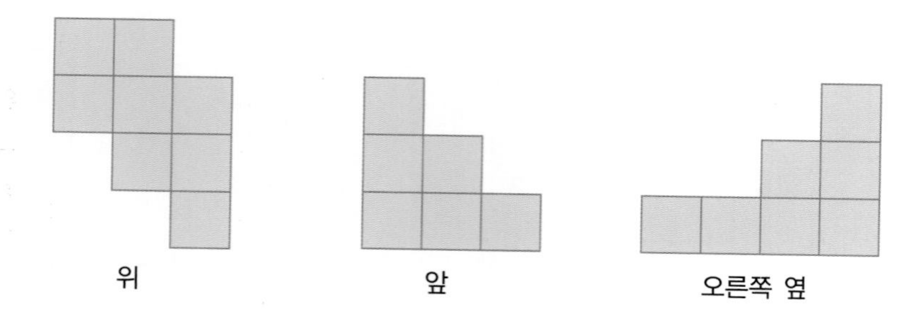

다음 그림은 쌓기나무를 쌓아 만든 모양을 위, 앞, 오른쪽 옆에서 본 모양입니다. 쌓기나무는 최소 몇 개 필요합니까?

➲ 위에서 본 모양에 개수가 정해진 칸을 채우고, 나머지 칸에는 개수가 가장 적게 들어가도록 채워 봅니다.

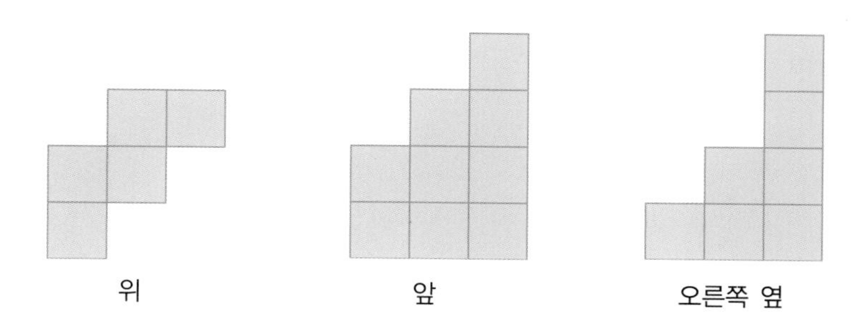

LECTURE 쌓기나무의 개수의 최대, 최소

위, 앞, 옆에서 본 모양이 다음과 같을 경우 쌓기나무를 가장 많이 사용한 경우와 가장 적게 사용한 경우의 개수를 ①~④의 순서에 따라 알아봅니다.

② 색칠한 부분에는 앞, 옆에서 보았을 때 2가 있으므로 3이 들어갈 수 없습니다. 따라서 3이 들어갈 자리를 채울 수 있습니다.

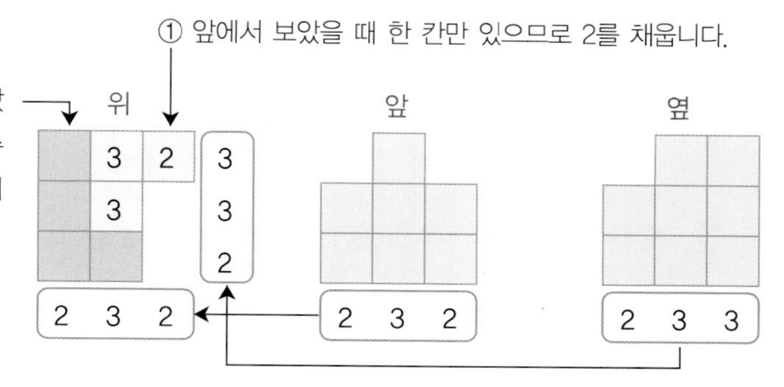

③ 색칠된 부분에 가장 적게 들어가게 하려면 앞, 옆에서 보았을 때 2가 만나는 부분에 2를 채우고 나머지를 1로 채웁니다.

1	3	2
1	3	
2	1	

④ 색칠된 부분에 가장 많이 들어가게 하려면 모두 2로 채웁니다.

2	3	2
2	3	
2	2	

위에서 본 모양에 그 개수가 정해진 칸을 제외한 나머지 칸에 들어가는 쌓기나무의 개수로 최대, 최소가 결정돼!

6. 쌓기나무를 쌓는 방법의 가짓수

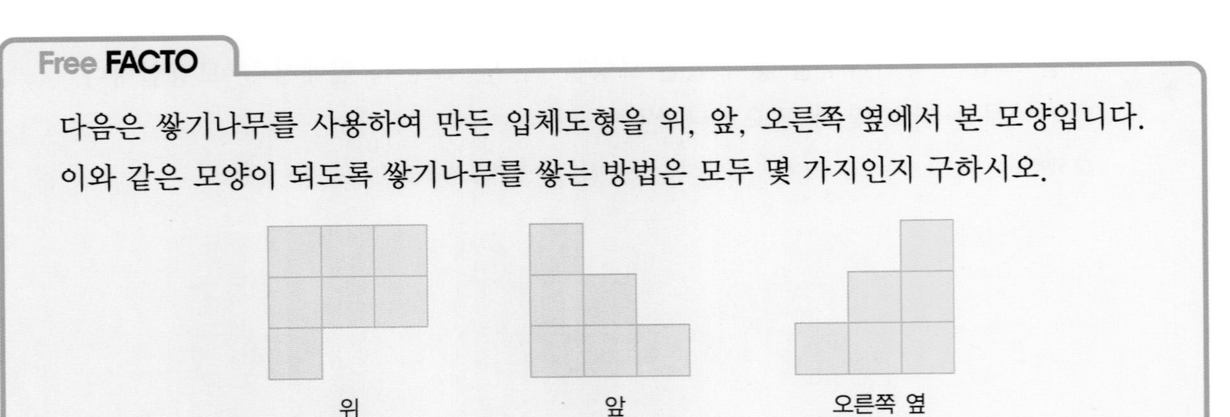

Free FACTO

다음은 쌓기나무를 사용하여 만든 입체도형을 위, 앞, 오른쪽 옆에서 본 모양입니다. 이와 같은 모양이 되도록 쌓기나무를 쌓는 방법은 모두 몇 가지인지 구하시오.

생각의 흐름

1. 위에서 본 모양에 앞, 오른쪽 옆에서 본 모양의 개수를 쓰고 쌓기나무의 개수가 정해진 칸을 채웁니다.
2. 나머지 칸을 가장 많이 들어갈 경우와 가장 적게 들어갈 경우로 나누어 구해 봅니다.
3. 2에서 구한 최대, 최소 개수의 사이에 있는 개수에 대해 가능한 경우를 각각 구해 봅니다.

예제 01 위, 앞, 오른쪽 옆에서 본 모양이 각각 다음과 같이 되도록 쌓기나무를 쌓는 방법의 가짓수를 구하시오.

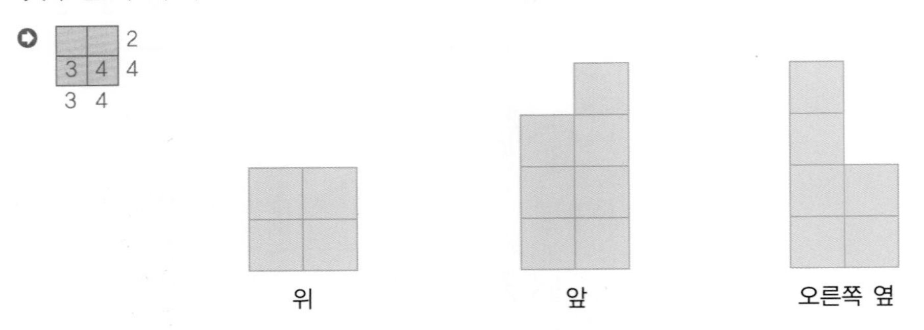

다음 물음에 답하시오.

(1) 작은 정육면체 8개로 다음과 같은 모양을 만들었습니다. A, B, C를 지나는 평면으로 잘랐을 때, 작은 정육면체는 몇 개나 잘리는지 구하시오.

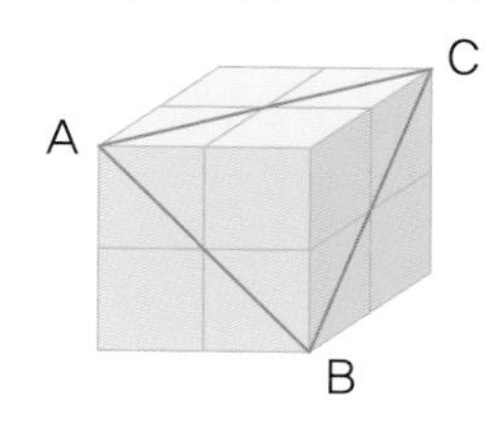

(2) 정육면체 64개로 다음과 같은 모양을 만들었습니다. A, B, C를 지나는 평면으로 잘랐을 때, 작은 정육면체는 몇 개나 잘리는지 구하시오.

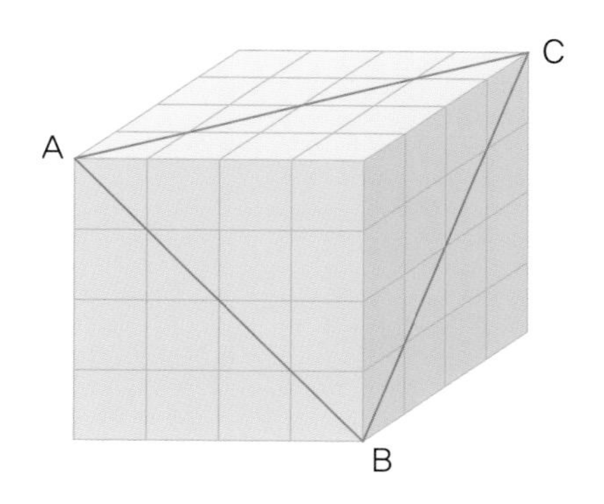

Memo

원을 8등분하여 1에서 8까지의 수를 써넣어서 원판을 만들었습니다. 이 원판을 돌려 화살표가 멈춘 칸에 쓰인 수의 100배를 원판을 돌린 사람이 받는 게임을 만들려고 합니다. 만약 1에서 멈추면 100원을, 5에서 멈추면 500원을 받습니다.
원판을 한 번 돌릴 때마다 참가비로 얼마를 내야 공정한 게임이 됩니까?

나올 수 있는 서로 다른 8가지의 경우에 받는 금액의 평균을 알아봅니다.

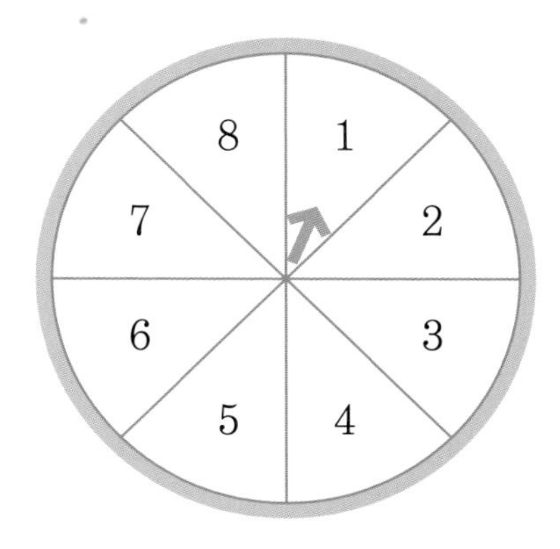

1에서 100까지의 수가 적힌 100장의 카드를 100명의 사람들에게 한 장씩 나누어 주었습니다. 1에서 100까지의 수 중에서 하나의 수를 골라서 그 수가 적힌 카드를 가진 사람에게 5만 원을 준다면, 이 카드 한 장의 가치는 얼마입니까?

카드 한 장을 얻는 100가지 경우 중에서 5만 원을 받는 것은 1가지 경우뿐입니다.

6. 알쏭달쏭한 확률 문제

Free FACTO

A와 B가 금화를 6개씩 걸고 다음과 같은 |**규칙**|에 따라 게임을 하고 있습니다.

규칙
- 주사위를 던져 홀수가 나오면 A가 1점을 받습니다.
- 주사위를 던져 짝수가 나오면 B가 1점을 받습니다.
- 먼저 3점을 얻는 사람이 게임에 걸린 12개의 금화를 모두 가져갑니다.

지금까지 모두 3번 던져 A가 2점, B가 1점을 얻었는데, 갑자기 게임을 중단해야 하는 상황이 되었습니다. A와 B의 대화를 보고, 금화를 어떻게 나누는 것이 공정한지 답하고, 그렇게 생각한 이유를 설명하시오.

A : 내가 이기고 있으니까 금화는 모두 내가 가져가야 해.
B : 그건 알 수 없는 거야. 만약 게임을 계속 했다면 내가 이길 수도 있으니까. 게임이 중단되었으니까 똑같이 금화를 6개씩 가져가자.
A : 아니야. 누가 봐도 내가 이길 가능성이 훨씬 크기 때문에 똑같이 가져가는 것은 공정하지 않아.

생각의 흐름

1. 주사위를 다섯째 번까지 모두 던졌을 때 홀수, 짝수가 나올 경우는 다음과 같습니다.

넷째 번	다섯째 번
홀수	홀수
	짝수
짝수	홀수
	짝수

2. 1의 서로 다른 4가지 경우 중 A가 이기는 경우와 B가 이기는 경우는 각각 몇 번인지 구합니다.

3. 금화 12개를 어떻게 나누는 것이 공정한지 설명합니다.

경태와 성희는 동전 게임을 하려고 합니다. 이 게임은 경태는 1개의 동전을 던져서 그 중 앞면인 동전의 개수를 세고, 성희는 2개의 동전을 던져서 그 중 앞면인 동전의 개수를 세어 앞면인 동전의 개수가 많은 사람이 이기는 게임입니다. 단, 경태가 던지는 동전의 개수가 적어서 불리한 점을 고려하여 앞면인 동전의 개수가 같은 경우에는 경태가 이기는 것으로 합니다. 이 게임은 경태와 성희 중 누구에게 더 유리한 게임입니까?

모두 8가지 경우 중에서 경태가 이기는 경우를 찾습니다.

LECTURE 확률론

100쪽 문제는 수학자이자 철학자인 파스칼이 친구로부터 받은 질문을 약간 변형한 것입니다. 파스칼이 이 문제를 해결한 것이 수학에서 확률을 연구하게 된 시초라고 합니다.

이 문제를 해결하는 방법은 여러 가지가 있는데, 위와 같이 넷째 번에 홀수가 나오는 경우와 짝수가 나오는 경우로 나누어 생각하는 방법도 있습니다.

게임을 계속했다면 A가 이기는 경우는 넷째 번에 홀수가 나오는 경우(확률 $\frac{1}{2}$)와 넷째 번에 짝수가 나오고 다섯째 번에 홀수가 나오는 경우(확률 $\frac{1}{4}$)가 있으므로 A가 이길 확률은 $\frac{1}{2}+\frac{1}{4}=\frac{3}{4}$ 입니다.

확률론의 창시자 파스칼

B가 이기는 경우는 넷째 번에 짝수가 나오고 다섯째 번에 짝수가 나오는 경우(확률 $\frac{1}{4}$)뿐이므로 A가 이길 확률이 B의 3배로 A가 더 높습니다.

따라서 A는 금화를 B의 3배만큼 가져야 하는 것을 알 수 있습니다.

이와 같이 확률은 생각하는 방법이 여러 가지 있다는 점에서 재미있는 분야이기도 합니다. 현실에서 확률이 이용되는 것은 복권, 도박, 보험, 주식 등 돈과 관련된 분야가 많은데, 확률에 대한 연구가 돈의 분배 문제에서 시작된 것을 생각하면 당연한 일인지도 모릅니다.

A가 이기는 경우는 넷째 번에 홀수가 나오거나 넷째 번에 짝수, 다섯째 번에 홀수가 나오는 경우이고,
B가 이기는 경우는 넷째, 다섯째 번 모두 짝수가 나오는 경우뿐이야.
따라서 A가 이길 확률은 $\frac{3}{4}$ 으로 B가 이길 확률 $\frac{1}{4}$의 3배가 되지!

Creative 팩토

응용 01 다음과 같은 과녁에 다트를 던져서 맞힌 부분의 점수를 얻는 게임을 합니다. 두 번 맞혀서 얻은 점수의 합이 될 가능성이 높은 수부터 차례대로 쓰시오.

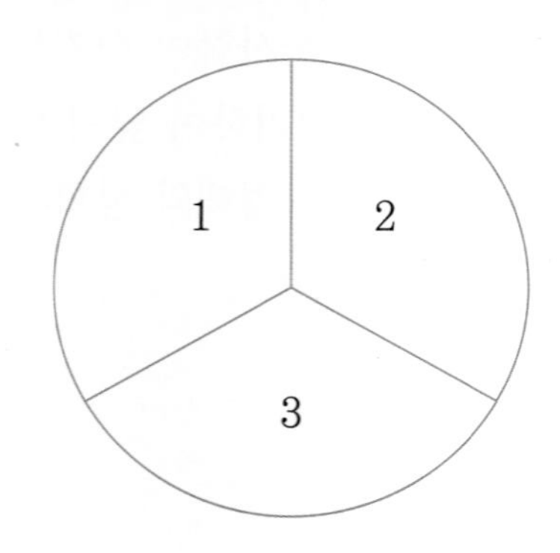

KeyPoint
두 번 맞혀서 얻은 점수의 합이 될 수 있는 수는 2, 3, 4, 5, 6입니다.

응용 02 다음과 같은 3개의 의자에 A, B 두 명이 아무렇게나 앉으려고 합니다. A와 B가 붙어서 앉게 될 가능성과 떨어져 앉을 가능성 중 어느 쪽이 높은지 답하고, 그렇게 생각한 이유를 설명하시오.

KeyPoint
모든 경우 중에서 A와 B가 붙어 앉는 경우는 몇 가지인지 세어 봅니다.

상자 안에 빨간 구슬 1개와 파란 구슬 3개가 들어 있는데, 만져 보는 것으로는 구분이 되지 않습니다. 상자 안을 보지 않고 2개의 구슬을 꺼냈을 때, 두 구슬의 색이 같으면 1200원을 받는 게임이 있습니다. 이 게임의 참가비는 얼마로 하는 것이 공정합니까?

Key Point

각 경우에 받는 돈은 1200원 또는 0원입니다. 각 경우에 받는 돈의 평균을 구합니다.

영미와 동수가 구슬을 12개씩 걸고 게임을 하고 있습니다. 동전을 던져서 앞면이 나오면 영미가 1점을 얻고, 뒷면이 나오면 동수가 1점을 얻으며, 먼저 3점을 얻는 사람이 승리하여 24개의 구슬을 모두 가집니다. 지금까지 동전을 던진 결과, 앞면만 2번 나와서 영미는 2점, 동수는 0점을 얻은 상태인데 동전을 잃어버려서 게임을 중단해야 하는 상황이 되었습니다. 24개의 구슬을 어떻게 나누는 것이 공정합니까?

Key Point

만약 게임을 계속하여 셋째 번으로 동전을 던졌다면 3 : 0이 되거나 2 : 1이 됩니다. 2 : 1인 경우 넷째 번, 다섯째 번으로 동전을 던졌을 때의 경우를 생각하여 구슬을 몇 개씩 나누어 가지는 것이 공정한지 알아봅니다.

두 개의 주사위를 던져서 나오는 눈의 합을 구하려고 합니다. 눈의 합이 될 가능성이 가장 높은 수는 무엇입니까?

KeyPoint
표를 이용하여 두 주사위의 눈의 합을 알아봅니다.

다음과 같이 화살표가 회전하는 원판이 2개 있습니다. 태달이와 태자가 화살표를 돌려 화살표가 멈춘 칸의 수를 비교하여 큰 수가 나온 사람이 이기는 게임을 합니다. 태달이가 A 원판, 태자가 B 원판의 화살표를 각각 돌릴 때, 누가 더 유리합니까?

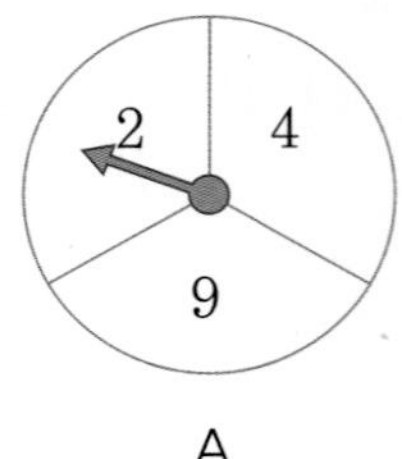

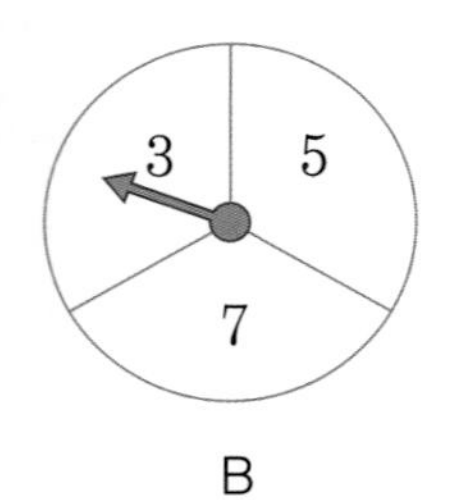

KeyPoint
나올 수 있는 모든 경우를 구해 누가 더 유리한지 알아봅니다.

응용 07 100장의 복권이 있는데, 각 복권에는 00, 01, 02, ⋯, 98, 99와 같이 서로 다른 고유 번호가 쓰여 있습니다. 이 복권의 당첨금이 다음과 같이 주어진다고 할 때, 이 복권 한 장의 가치는 얼마인지 구하시오.

① 추첨을 통해 00~99 중에서 하나의 당첨 번호를 고릅니다.
② 당첨 번호와 복권의 번호가 완전히 일치하면 100만 원을 받습니다.
③ 당첨 번호와 복권의 번호가 한 자리만 일치하면 10만 원을 받습니다.

예 당첨 번호가 05일 경우,
- 복권의 번호가 05이면 100만 원
- 복권의 번호가 75이면 10만 원
- 복권의 번호가 07이면 10만 원
- 복권의 번호가 50이면 돈을 받을 수 없습니다.

KeyPoint
모두 100가지 경우 중에서 100만 원을 받는 경우는 1가지 경우뿐입니다. 10만 원을 받는 경우가 몇 가지인지 생각합니다.

Thinking 팩토

다음 그림을 서로 이웃한 영역을 다른 색으로 칠하여 6개, 8개의 영역으로 나누려고 합니다. 필요한 색깔은 최소 몇 가지인지 각각 구하시오.

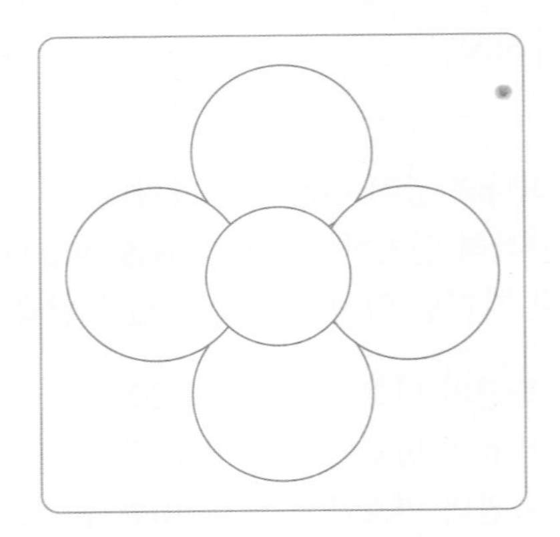

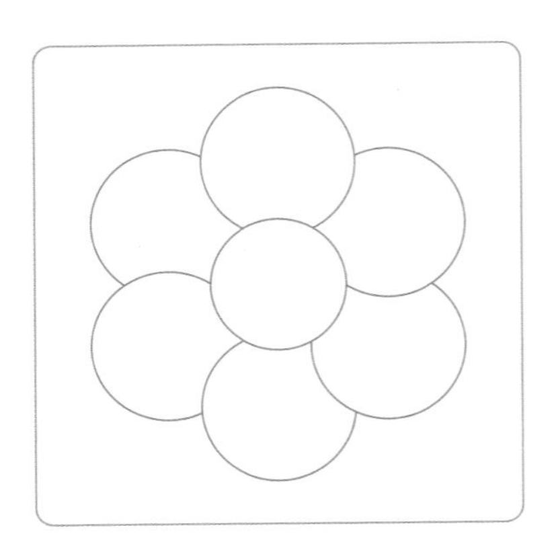

정육면체 2개를 붙여서 만든 모양을 그림과 같이 나무로 된 넓은 판 위에 붙여 놓았습니다. 점 ㄱ에 있는 개미가 점 ㄴ까지 정육면체의 모서리를 따라서 기어가는 가장 짧은 길은 몇 가지 있습니까? (단, 바닥과 붙은 모서리는 지나갈 수 없습니다.)

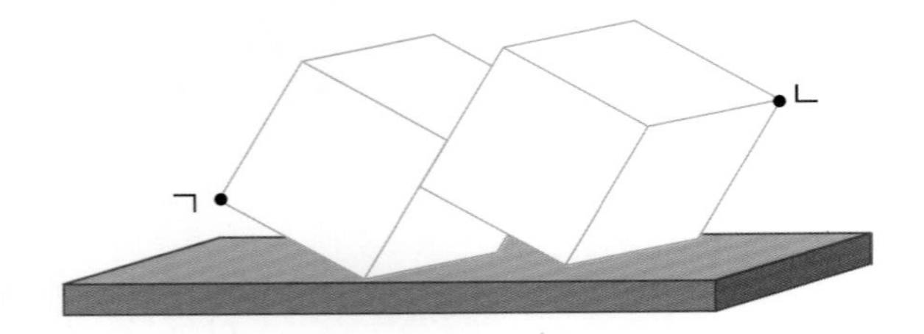

주머니 안에 파란 구슬 3개와 빨간 구슬 2개가 들어 있습니다. 주머니 안을 보지 않고 구슬 2개를 꺼냈을 때, 2개의 구슬 색깔이 서로 같을 가능성과 다를 가능성 중 어느 쪽이 높습니까?

A, B, C, D, E 5명의 선수가 씨름 대회에 참가했습니다. 이 다섯 명은 리그 방식으로 서로 한 번씩 시합을 하는데, 이긴 선수는 2점을 얻고, 비긴 선수는 1점을 얻고, 진 선수는 점수를 얻지 못합니다. 시합이 모두 끝난 다음, A는 6점, B는 5점, C는 4점, D는 3점이었다면, E는 몇 점입니까?

다음과 같은 판 위에 회전이 되는 화살표가 달려 있습니다. 금화 4개를 낸 다음, 화살표를 힘껏 돌려 화살표가 멈추는 칸에 쓰여진 개수만큼의 금화를 받는 게임을 하려고 합니다. 이 게임은 공정한 게임인지 아닌지 답하고, 그렇게 생각한 이유를 설명하시오.

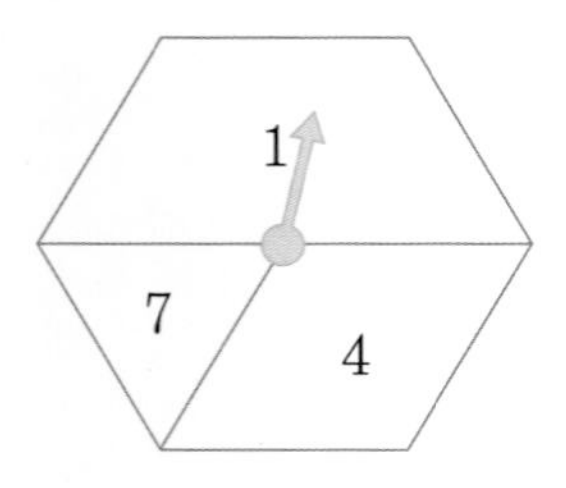

세 개의 야구 팀 A, B, C가 서로 한 번씩 시합을 했습니다. 시합을 한 번 하고 나면 상품으로 메달을 받는데, 각 팀은 시합에서 낸 점수만큼 메달을 받고, 이기면 10개의 메달을 더 받으며, 비기면 5개의 메달을 더 받습니다. 서로 한 번씩 시합을 한 결과, A 팀은 메달이 6개, B 팀은 메달이 19개, C 팀은 메달이 21개가 되었다고 합니다. 모든 시합에서 각 팀이 최소 1점을 냈다면, B 팀과 C 팀의 시합에서 B 팀은 몇 점을 냈습니까?

정육면체 모양의 나무토막의 각 면을 흰색 또는 검은색으로 칠하려고 합니다. 모두 몇 가지 서로 다른 모양을 만들 수 있는지 알아봅시다. (단, 돌려서 같아지면 같은 모양입니다.)

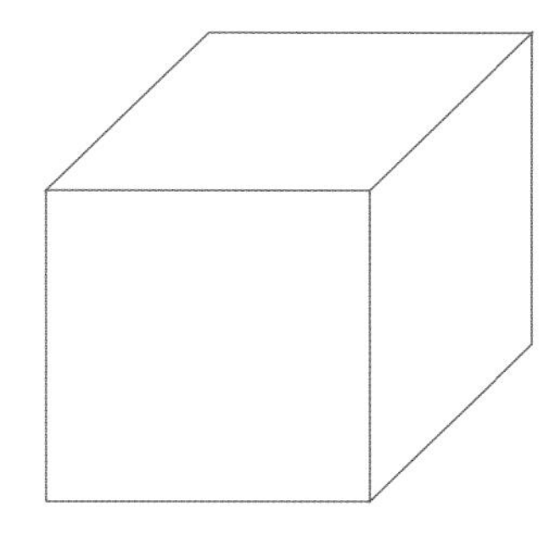

(1) 흰색으로 칠해진 면의 개수가 0, 1인 경우 서로 다른 모양은 각각 몇 가지가 있습니까?

(2) 흰색으로 칠해진 면의 개수가 2인 경우 서로 다른 모양은 몇 가지입니까?

(3) 흰색으로 칠해진 면의 개수가 3, 4, 5, 6일 때, 만들 수 있는 서로 다른 모양의 가짓수를 각각 구하시오.

Memo

X 문제해결력

1. 마지막 수

Free FACTO

어떤 부족이 추장을 다음과 같은 방법으로 뽑기로 했습니다.

① 추장 후보 12명이 천막 안에 원 모양으로 둘러앉습니다. 가장 나이가 많은 사람의 바로 왼쪽 사람부터 시계 방향으로 세어 다섯째 번에 있는 사람은 천막을 나갑니다.
② 천막을 나간 사람의 바로 왼쪽 사람부터 시계 방향으로 세어 역시 다섯째 번에 있는 사람은 천막을 나갑니다. 이것을 반복합니다.
③ 마지막으로 남은 한 사람이 추장이 됩니다.

12명의 후보 중에서 나이가 가장 어린 소년이 추장이 되려면 어떻게 해야 합니까?

생각의 흐름

1 원 모양으로 12명을 그린 다음, 가장 나이가 많은 사람부터 시계 방향으로 번호를 붙입니다.

2 규칙에 따라 천막을 나가는 사람들을 차례로 지웁니다. 이미 지운 사람은 무시하고 순서를 세야 하는 것에 주의합니다.

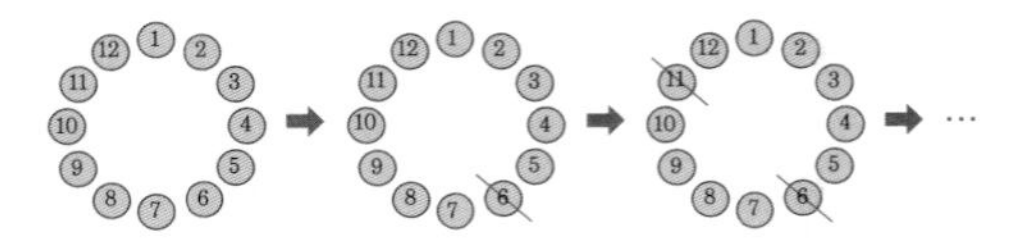

3 마지막으로 남는 사람이 몇 번인지 알아냅니다. 나이가 가장 어린 소년이 남은 번호의 위치에 앉으면 됩니다.

다음과 같은 규칙으로 하나씩 건너뛰면서 수를 지울 때, 마지막으로 남는 수는 무엇입니까?

➲ 2, 4, 6, 8, 10, 3, …의 순서로 지워 나갑니다. 이미 지운 수는 무시하고 순서를 세어야 하는 것에 주의합니다.

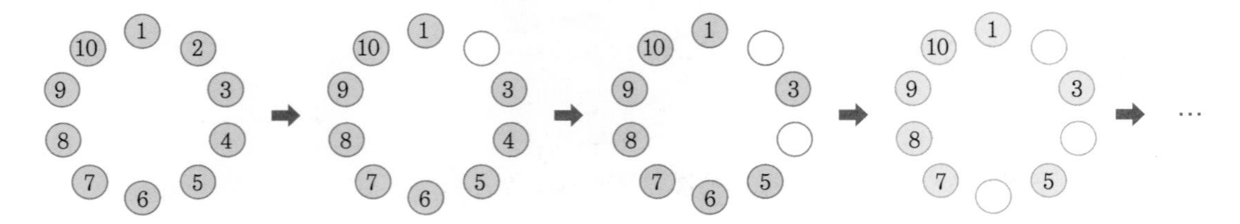

1에서 64까지의 수를 차례대로 쓴 다음, 홀수째 번 수들(1, 3, 5, 7, …, 63)을 모두 지웁니다. 다음으로 남은 수 중에서 다시 홀수째 번 수들을 모두 지웁니다. 이와 같이 반복하면 마지막으로 남는 수는 무엇입니까?

첫째 번으로 지우고 나면 2의 배수만 남고, 둘째 번으로 지우고 나면 4의 배수만 남습니다.

LECTURE 요세푸스의 문제

이런 종류의 문제는 요세푸스의 문제라고 불리는데, 그 기원은 다음과 같습니다. 유대의 역사가로 유명한 요세푸스는 서기 66년에 일어난 유대-로마 전쟁에서 로마군과 싸우게 되었는데, 전쟁 중에 그와 40명의 동료들은 적에 의해 포위되었습니다. 동료들이 항복보다는 자결을 주장했기 때문에 원형으로 둘러앉은 다음 셋째 번 사람마다 자결을 하기로 했습니다.

수학을 이용하여 살아 남았다고 전해지는 역사가 요세푸스

하지만 자결에 회의를 품었던 요세푸스는 어느 위치가 끝까지 안전한지를 미리 계산한 다음 그 위치에 섰기 때문에 끝까지 살아남아 로마군에게 항복했다는 이야기가 전해집니다.
이 이야기가 사실이라면 수학이 인생에 별 도움이 되지 않는다는 사람들은 생각을 바꿔야 하지 않을까요?

2. 성문지기

Free FACTO

한 상인이 성 안으로 들어가려고 합니다. 성 안으로 들어가려면 3개의 문을 지나야 하는데, 각 문마다 문지기가 있습니다. 첫째 문의 문지기는 상인이 가지고 있는 금화의 절반보다 1개 더 많은 금화를 요구했습니다. 둘째 문의 문지기도 상인이 가지고 있는 금화의 절반보다 1개 더 많은 금화를 요구했고, 마지막 문의 문지기도 마찬가지였습니다. 3개의 문을 통과하고 성 안으로 들어가자 상인에게 남아 있는 금화는 1개뿐이었습니다. 상인이 처음에 가지고 있던 금화는 몇 개입니까?

생각의 흐름

1. 셋째 문을 통과하기 전에 가지고 있는 금화의 개수를 □라 하면 셋째 문을 통과한 후 남은 금화의 개수는

$$\square \times \frac{1}{2} - 1(\text{개})$$

입니다. 셋째 문을 통과하기 전에 몇 개를 가지고 있었는지 구합니다.

2. 둘째 문을 통과하기 전에 몇 개를 가지고 있었는지 구합니다.

3. 첫째 문을 통과하기 전에 몇 개를 가지고 있었는지 구합니다.

LECTURE 피보나치

위의 문제는 피보나치 수열로 유명한 이탈리아의 수학자 피보나치의 책 「산반서」에서 소개된 것입니다.
「산반서」는 아라비아 숫자의 우수성을 알린 역사적인 책이며, 현재의 분수 형태를 확립한 책으로도 유명합니다.
이 책에서 피보나치는 아라비아와 동양의 수학과 함께 많은 흥미로운 문제들을 소개하여 후세 사람들에게 큰 영향을 주었습니다.
오늘날 피보나치는 중세의 가장 위대한 수학자로 존경받고 있습니다.

중세의 대수학자
피보나치

위의 문제는 거꾸로 거슬러 올라가면서 생각하면 쉽게 해결되지!

어떤 수에서 6을 빼고, 다시 6을 곱한 다음, 다시 6을 더하고, 다시 6으로 나누고, 마지막으로 다시 6을 뺐더니 6이 되었다고 합니다. 어떤 수는 무엇입니까?

오른쪽의 빈칸을 뒤에서부터 채워 봅니다.

□ $\xrightarrow{-6}$ □ $\xrightarrow{\times 6}$ □ $\xrightarrow{+6}$ □ $\xrightarrow{\div 6}$ □ $\xrightarrow{-6}$ 6

다음은 동욱이의 일기입니다. 동욱이가 오늘 받은 용돈은 얼마인지 구하시오.

마지막 4000원에서 시작하여 거꾸로 거슬러 올라가면서 계산합니다.

> 저는 오늘 받은 용돈의 절반을 주고 장난감을 샀습니다. 그 다음에 남은 돈의 절반보다 천 원 더 비싼 책을 샀습니다. 그러고 나서 남은 돈의 절반보다 천 원이 더 적은 돈으로 군것질을 하고 나니 4000원이 남아서 모두 저축을 했습니다.

3. 주고받기

Free FACTO

A, B, C 세 명이 서로 다른 개수의 구슬을 가지고 있었습니다. 다음과 같은 순서로 구슬을 주고받았더니 모두 똑같이 24개의 구슬을 가지게 되었습니다. 처음에 세 사람이 가지고 있던 구슬은 각각 몇 개입니까?

① A가 B에게 B가 가지고 있는 개수만큼 구슬을 주었습니다.
② B가 C에게 C가 가지고 있는 개수만큼 구슬을 주었습니다.
③ C가 A에게 A가 가지고 있는 개수만큼 구슬을 주었습니다.

생각의 흐름

1 ③에서 C가 A에게 구슬을 주었더니 A와 C가 24개의 구슬을 가지게 된 것입니다. 따라서 C가 A에게 구슬을 주기 전에는 A가 12개, C가 36개의 구슬을 가지고 있었습니다.

A	C
12	36

12개를 줌

➡

A	C
24	24

2 ②에서 B가 C에게 구슬을 주기 전에 세 사람은 구슬을 몇 개씩 가지고 있었는지 알아봅니다.

3 ①에서 A가 B에게 구슬을 주기 전에 세 사람은 구슬을 몇 개씩 가지고 있었는지 알아봅니다.

LECTURE 주고받기

위의 문제에서 중간 과정과 결과는 매우 명확하게 밝혀져 있으므로 결과로부터 시작하여 중간 과정을 거꾸로 거슬러 올라가면서 하나씩 확실하게 알아내면 됩니다.
이때, 바로 전 단계가 어떤 상태였는지를 계속 확인해야 하므로 다음과 같이 표를 만들어서 해결하는 것이 좋습니다.

	A	B	C
③ 이후	24	24	24
③ 이전	12	24	36
② 이전	⋮	⋮	⋮
① 이전	⋮	⋮	⋮

유리컵과 종이컵에 서로 다른 양의 물이 들어 있습니다. 먼저 종이컵에 들어 있는 양만큼의 물을 유리컵에서 종이컵으로 부었습니다. 다음으로 유리컵에 들어 있는 양만큼의 물을 종이컵에서 유리컵으로 부었습니다. 마지막으로 다시 종이컵에 들어 있는 양만큼의 물을 유리컵에서 종이컵으로 부었더니 두 컵에는 똑같이 40mL의 물이 들어 있게 되었습니다. 처음에 유리컵과 종이컵에 들어 있던 물의 양은 각각 몇 mL입니까?

오른쪽과 같이 표를 만들어서 거꾸로 거슬러 올라가면서 물의 양을 알아봅니다.

유리컵	종이컵
40	40
60	20
30	50
⋮	⋮

유성이는 가지고 있는 야구공을 큰 상자와 작은 상자에 나누어 넣었는데, 큰 상자에는 작은 상자의 2배만큼 야구공을 넣었습니다.

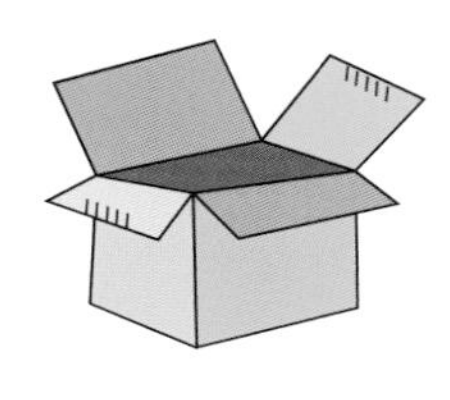

그런데 유성이의 동생이 큰 상자에서 작은 상자로 10개의 공을 옮기고 다시 작은 상자에서 큰 상자로 5개의 공을 옮기는 행동을 반복하였습니다. 11번째 옮기는 과정 중에 큰 상자 안이 텅 비게 되었다면, 처음에 유성이가 가지고 있던 야구공은 모두 몇 개입니까?

공을 옮기는 것을 한 번 할 때마다 큰 상자의 야구공의 개수는 어떻게 변하는지 생각합니다.

Creative 팩토

다음은 바로 위의 두 칸의 수의 합이 아래 칸의 수가 되도록 수를 써넣은 것입니다. 이와 같은 규칙이 되도록 빈칸에 알맞은 수를 써넣으시오.

1
2
3
5
8
13

5
17

KeyPoint
셋째 칸에 들어갈 수를 □라고 하면, 넷째 칸에 들어갈 수는 □+5입니다.

81장의 카드가 쌓여 있는데, 위에서부터 1, 2, 3, ⋯, 81이 적혀 있습니다. 이 카드 뭉치에서 가장 위에 있는 두 장을 버리고, 그 다음 카드를 카드 뭉치의 가장 아래에 넣습니다. 이와 같이 두 장을 버리고 그 다음 한 장을 가장 아래에 넣는 행동을 반복하면, 마지막으로 남는 카드에 쓰여진 수는 무엇입니까?

KeyPoint
처음에 가장 아래에 들어가는 카드는 3, 6, 9, ⋯ 입니다.

떡장수 할머니가 고개를 세 개 넘어 집으로 가려고 합니다.
할머니가 첫째 고개를 넘을 때 호랑이가 나타나 "가지고 있는 떡의 절반을 주면 안 잡아먹지."라고 하여 그 말대로 주었습니다. 둘째 고개를 넘을 때에도 호랑이가 나타나 "가지고 있는 떡의 절반보다 1개 더 많은 떡을 주면 안 잡아먹지."라고 하여 그 말대로 주었습니다. 셋째 고개를 넘을 때도 호랑이가 나타나, "가지고 있는 떡의 절반보다 2개 더 많은 떡을 주면 안 잡아먹지."라고 하여 그 말대로 주었습니다.
집에 도착한 할머니가 남아 있는 떡을 세어 보니 3개였습니다. 할머니가 호랑이에게 준 떡은 모두 몇 개입니까?

Key Point

먼저 절반보다 2개 더 많은 떡을 준 결과 3개가 남았다면, 절반이 몇 개인지 생각합니다.

절반 | 2개 | 3개

계산기에서 어떤 숫자를 누른 다음, +, 2, ×, 3, −, 4, ÷, 5, =를 차례대로 눌렀더니 계산 결과가 1이 나왔습니다. 처음에 누른 숫자는 무엇입니까?

Key Point

계산 결과로부터 거꾸로 거슬러 올라갑니다.

어떤 고무공을 떨어뜨리면 떨어진 높이의 $\frac{2}{3}$만큼 튀어 오른다고 합니다. 이 고무공을 어떤 높이에서 떨어뜨렸더니 넷째 번으로 튀어 오른 높이가 16cm였습니다. 처음에 몇 cm의 높이에서 떨어뜨렸습니까?

Key Point

처음에 떨어뜨린 높이를 □라 하면
첫째 번으로 튀어오른 높이는
□$\times\frac{2}{3}$ (cm)
둘째 번으로 튀어오른 높이는
□$\times\frac{2}{3}\times\frac{2}{3}$ (cm)
입니다.

A, B, C 세 사람이 36개의 사탕을 나누어 가졌습니다. 그런데 A가 자기 몫만 너무 적다고 불평하자, B가 A에게 4개의 사탕을 주었습니다. 그러자 B가 가진 사탕이 너무 적어 C가 B에게 3개의 사탕을 주었습니다. 다시 보니 A가 가장 사탕을 많이 가진 셈이 되어 A가 C에게 2개의 사탕을 주었습니다. 이와 같이 하여 모두 똑같은 개수의 사탕을 가지게 되었다면, 처음에 세 사람이 나누어 가진 사탕은 각각 몇 개입니까?

Key Point

마지막에 사탕을 몇 개씩 가졌는지부터 시작하여 거꾸로 생각하여 해결합니다.

어떤 컴퓨터에 수를 입력하면 다음과 같은 결과가 출력됩니다.

> 입력한 수가 홀수일 경우: 입력한 수보다 3 큰 수가 출력됨
> 입력한 수가 짝수일 경우: 입력한 수를 2로 나눈 수가 출력됨
> 예 $7 \rightarrow 10 \rightarrow 5 \rightarrow 8 \rightarrow 4 \rightarrow \cdots$

이 컴퓨터에 어떤 수를 입력한 다음, 출력된 수를 다시 입력하고, 출력된 수를 다시 입력한 결과 7이 출력되었습니다. 어떤 수가 될 수 있는 것을 모두 쓰시오.

Key Point
이전의 수가 홀수일 경우와 짝수일 경우로 나누어 생각해야 합니다.

명석, 종찬, 지우 세 사람이 셋 중에서 한 명만 이기고, 나머지 둘은 지는 카드 놀이를 합니다. 이 카드 놀이에서 진 사람은 이긴 사람에게 자기가 가지고 있는 칩의 절반을 주어야 합니다. 처음에는 명석이가 이겼고, 그 다음에는 종찬이가, 마지막에는 지우가 이겼습니다. 마지막 게임이 끝나자 칩을 명석이는 10개, 종찬이는 20개, 지우는 40개 가지게 되었습니다. 처음에 세 사람은 칩을 몇 개씩 가지고 있었습니까?

Key Point
마지막 판에서 지우가 이기기 전에 명석이는 20개, 종찬이는 40개의 칩을 가지고 있던 것을 알 수 있습니다.

4. 거리와 속력

Free FACTO

형진이와 소영이는 서로 600m 떨어져 있으며, 형진이는 1분에 100m를 걷고 소영이는 1분에 50m를 걷습니다. 물음에 답하시오.

(1) 두 사람이 서로를 향해 걸어가면 몇 분 후에 만납니까?

(2) 소영이는 형진이가 있는 곳의 반대쪽으로 걷고, 형진이는 소영이를 쫓아간다면 몇 분 후에 만납니까?

생각의 흐름

1 (1)의 경우, 두 사람은 1분에 몇 m 가까워지는지 생각합니다.

2 (2)의 경우, 두 사람은 1분에 몇 m 가까워지는지 구하여 몇 분 후에 만나는지 알아봅니다.

LECTURE 거리와 속력

거리와 속력에 대한 개념은 중학교에서 본격적으로 공부하게 되지만, 공식만을 접하다 보면 그 본질이 무엇인지 잊을 수 있습니다.
거리와 속력은 사실 우리가 매우 잘 아는 것이며, 매일 몸으로 접하고 있는 것이기도 합니다.
만약 거리와 속력에 대해 생각하다가 혼란이 온다면, 어떤 시간을 기준으로 하여 그 시간 동안 어떤 일들이 일어나는지를 차분히 생각해 보면 됩니다.
위에서 '1분 동안 두 사람이 얼마나 가까워지는지'를 생각한 것이 좋은 예입니다.

거리와 속력 문제는 기준이 되는 시간(보통 1분, 1시간, …)을 정하여 그 시간 동안 어떤 일들이 일어나는지를 생각해 보면 돼!

항상 60개의 계단이 보이는 에스컬레이터가 있습니다. 정지된 에스컬레이터에서 갑수는 1초에 2계단을 내려가고, 을용이는 1초에 1계단을 내려갑니다. 갑수가 움직이는 에스컬레이터를 완전히 걸어 내려가려면 20초가 걸릴 때, 을용이가 움직이는 에스컬레이터를 완전히 걸어 내려가려면 몇 초가 걸립니까?

Key Point

정지된 에스컬레이터에서 1초에 2계단을 내려가므로 20초에는 40계단을 내려갑니다.

동호네 집과 아버지의 직장은 6km 떨어져 있습니다. 어느 날 저녁 6시에 아버지는 직장에서 집으로 출발했고, 집에 있던 동호는 같은 시각에 기르는 강아지와 함께 아버지를 마중 나갔습니다. 동호는 1분에 60m를 걷고, 아버지는 1분에 90m를 걷고, 강아지는 1분에 100m를 달립니다. 강아지는 처음에는 아버지를 향해 달리다가, 아버지를 만나면 다시 동호를 향해 달리고, 동호를 만나면 다시 아버지를 향해 달리고, …를 반복합니다. 동호와 아버지가 만날 때까지 강아지가 달린 거리는 몇 m입니까?

Key Point

강아지가 얼마 동안 달렸는지만 알아내면 됩니다.

Thinking 팩토

다음은 각 자리 숫자의 곱을 구하고, 다시 그 곱의 각 자리 숫자의 곱을 구하는 것을 한 자리 수가 나올 때까지 계속한 것입니다. 이 마지막으로 나온 한 자리 수를 '최후의 수' 라고 한다면, 다음 |**보기**|에서 93의 '최후의 수' 는 4인 것을 알 수 있습니다.

보기

93 ➡ 27(=9×3) ➡ 14(=2×7) ➡ 4(=1×4)

'최후의 수' 가 5인 두 자리 수를 모두 써 보시오.

다음은 이웃한 세 수의 합이 모두 10이 되도록 수를 넣은 것입니다.

3	2	5	3	2

이웃한 세 수의 합이 모두 15가 되도록 수를 넣어 보시오.

6					4	

어떤 이상한 계산기가 있는데, 이 계산기에는 연산기호가 두 가지만 있습니다.

[△] : 2를 곱합니다.	16 [△] ➡ 32 5 [△][△][△] ➡ 40
[○] : 끝자리 수를 지웁니다.	76 [○] ➡ 7 1387 [○][○] ➡ 13

(1) 다음과 같이 수를 누른 다음, 연산기호 버튼을 눌렀을 때 나오는 값을 구하시오.

① 32 [△][△][△]　　② 24 [△][△][○]

③ 1729 [○][○][△]　　④ 215 [○][△][△][○]

(2) 28 다음에 연산기호 버튼을 8번 눌렀더니 17이 되었습니다. 연산기호를 그려 넣으시오.

28 [ ][ ][ ][ ][ ][ ][ ][ ] ➡ 17

일정한 빠르기로 풀이 자라는 풀밭이 있습니다. 이 풀밭에 5마리의 양을 풀어 놓으면 20일 만에 풀이 모두 없어지고, 그보다 2마리 많은 양을 풀어 놓으면 10일 만에 풀이 모두 없어진다고 합니다. 5일 만에 풀이 모두 없어지게 하려면 양을 몇 마리 풀어 놓으면 됩니까?

러시아의 문호 톨스토이가 수학 문제 풀기를 즐겼다는 것은 잘 알려져 있지 않습니다. 다음은 톨스토이가 내놓은 흥미로운 문제입니다. 이 문제의 답을 구해 보시오.

몇 명의 농부들이 두 풀밭의 풀을 베려고 하는데, 한 풀밭의 넓이는 다른 풀밭의 2배입니다.
먼저 첫째 날에는 모든 농부들이 하루 종일 큰 풀밭의 풀만 베었습니다.
둘째 날에는 농부들이 같은 인원씩 두 조로 나뉘어서 한 조는 하루 종일 큰 풀밭의 풀만 베었고 다른 조는 작은 풀밭의 풀만 벤 결과, 큰 풀밭의 풀은 모두 베었지만 작은 풀밭의 풀은 아직 남아 있었습니다.
셋째 날에는 1명의 농부가 하루 종일 작은 풀밭의 풀만 베어서 간신히 작은 풀밭의 풀도 모두 벨 수 있었습니다.
그렇다면 풀을 벤 농부는 모두 몇 명입니까?

1분에 300m의 빠르기로 물이 흐르는 강이 있고, 물은 언제나 상류에서 하류로 흐릅니다. 흐르지 않는 물 위에서의 빠르기가 시속 30km로 같은 두 배가 있는데, 한 척은 상류에 있고 다른 한 척은 그보다 55km 더 하류에 있습니다. 두 배가 서로를 향해 출발하면 서로 만나는 데 몇 분 걸립니까?

시속 27km의 빠르기로 달리고 있는 두 기차가 있습니다. 두 기차는 서로 반대 방향으로 달리고 있고, 한 기차의 길이는 다른 기차의 2배입니다. 두 기차가 만나기 시작해서 서로 완전히 스쳐 지날 때까지 걸린 시간이 1분일 때, 더 긴 기차의 길이를 구하시오.

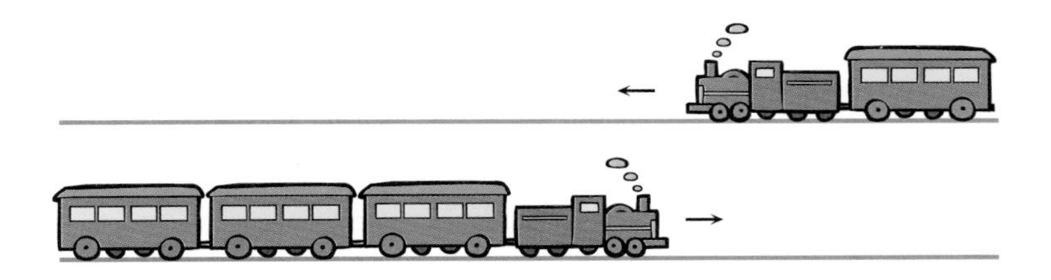

Memo

창의사고력 초등 수학 팩토

팩토 Lv.6 – 실전 B

총 괄 평 가

권장 시험 시간	50분

유 의 사 항

- 총 문항 수(10문항)를 확인해 주세요.
- 권장 시험 시간(50분) 안에 문제를 풀어 주세요.
- 부분 점수가 있는 문제들이 있습니다. 끝까지 포기하지 말고 최선을 다해 주세요.

시험일시 ______ 년 ______ 월 ______ 일

이　　름 ______________________

채점 결과를 매스티안 홈페이지(http://www.mathtian.com)에 방문하여 양식에 맞게 입력해 보세요.
「총괄평가 결과지」를 직접 받아보실 수 있습니다.

매스티안

1 다음은 네 자리 수의 크기를 비교한 것입니다. ★ 안에 어떤 숫자를 넣어도 7□□4보다 클 때, 7□□4가 될 수 있는 수의 개수를 구하고, 그 수들 중 가장 큰 수를 구하시오.

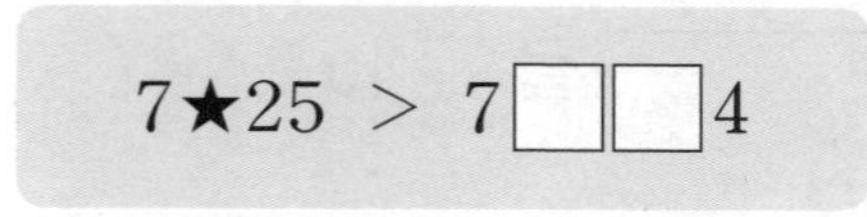

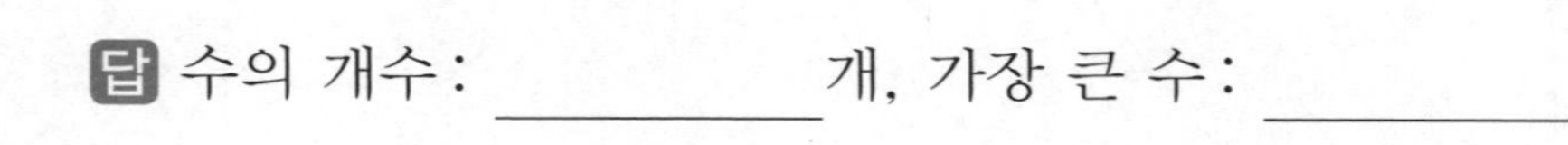

답 수의 개수: ________개, 가장 큰 수: ________

2 4, 9, 16과 같이 같은 수를 두 번 곱하여 된 수를 제곱수라고 합니다. 126에 어떤 수를 곱하여 제곱수가 되게 할 때, 어떤 수 중 가장 작은 수를 구하시오. 또, 이때 만들어지는 제곱수를 구하시오.

답 가장 작은 수: ________, 제곱수: ________

3 다음 그림의 모든 선을 연필을 떼지 않고 한 번씩만 지나도록 할 때, 출발점과 도착점은 어디로 해야 하는지 구하시오.

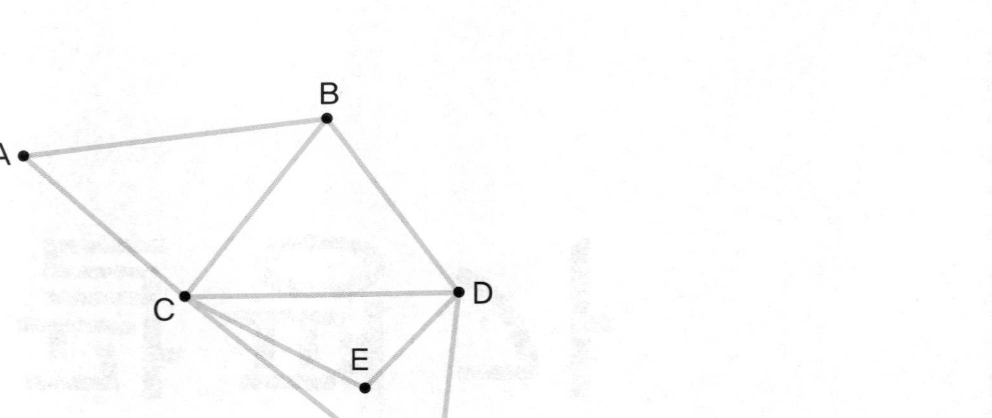

답 출발: ________, 도착: ________

총괄평가

4 A, B, C 세 명의 성은 장, 오, 한이고, 직업은 화가, 모델, 교사이며 서로 다릅니다. 다음 설명을 보고, 세 명의 성과 직업을 각각 구해 표를 완성하시오.

① A는 장씨가 아닙니다.
② B는 오씨가 아닙니다.
③ 장씨는 화가가 아닙니다.
④ 오씨는 교사입니다.
⑤ B는 모델이 아닙니다.

	성	직업
A		
B		
C		

5 다음 그림은 크기가 다른 세 종류의 정육면체를 쌓은 후, 앞과 오른쪽 옆에서 본 모양입니다. 이것을 위에서 본 모양을 그리시오.

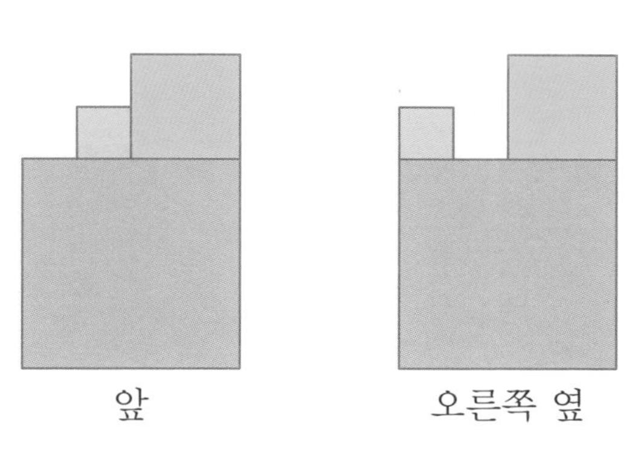

앞　　　오른쪽 옆

위

6 위, 앞, 오른쪽 옆에서 본 모양이 다음과 같아지도록 쌓기나무를 쌓으려고 합니다. 쌓기나무를 최소로 사용할 경우와 최대로 사용할 경우의 쌓기나무의 개수를 각각 구하시오.

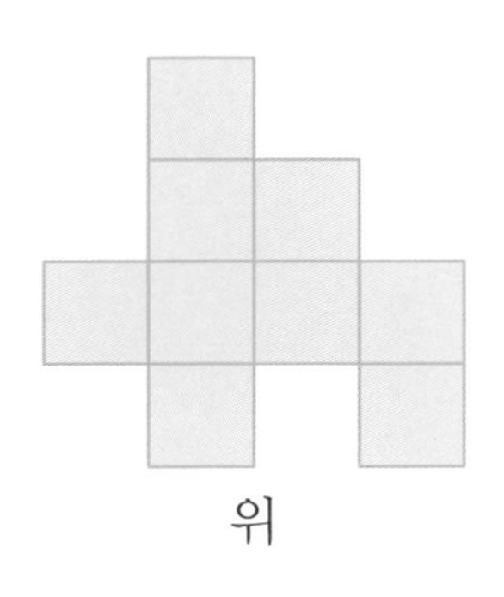

위

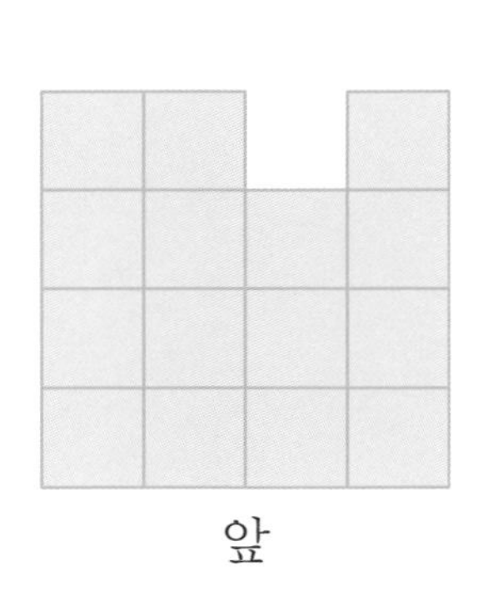

앞

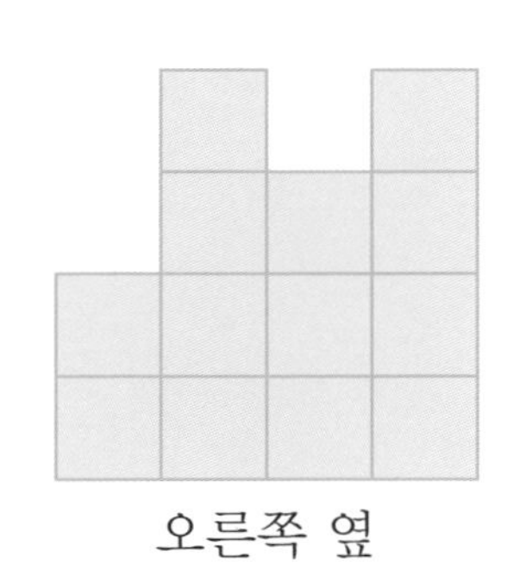

오른쪽 옆

답 최대 : ________개, 최소 : ________개

7 다음 그림을 서로 이웃한 영역은 다른 색이 되도록 색칠하려면 적어도 몇 가지 색이 필요한지 구하시오.

답 ________ 가지

8 A, B, C, D 4명의 학생이 팔씨름대회 결선에 진출하였습니다. 처음에 각자 기본 점수 10점으로 시작하여 이기면 1점을 얻고, 지면 1점을 잃고, 비기면 점수를 얻거나 잃지 않는 규칙으로 모든 학생이 서로 한 번씩 팔씨름을 했습니다. 대회를 마친 후 A는 승점 13점으로 우승을 하였고, B와 C는 8점을 기록하였을 때, D의 최종 기록을 구하시오.

답 승점 : ________ 점 → □승 □무 □패

총괄평가

9 상자에 쿠키가 가득 들어 있었습니다. A가 절반보다 1개 적은 쿠키를 가져갔고, B가 남은 쿠키의 절반을 가져갔습니다. 마지막으로 C가 남은 쿠키의 절반보다 2개 많은 쿠키를 가져갔더니 상자 안에는 4개의 쿠키가 남았습니다. 처음에 상자에 들어 있던 쿠키와 각자 가져간 쿠키의 개수를 구하시오.

답 처음 : ________개, A : ________개, B : ________개, C : ________개

10 1분에 3km를 달리는 기차가 길이 1.8km의 터널에 들어가기 시작해서 완전히 빠져나오는 데 40초가 걸렸을 때, 기차의 길이를 구하시오. 또, 이 기차가 길이 300m의 다리를 건너는 데에는 몇 초가 걸리는지 구하시오.

답 기차의 길이 : ________m, 다리를 건너는 데 걸리는 시간 : ________초

수고하셨습니다.

팩토 Lv.6 – 실전 B

총괄평가

1 7★25의 ★ 안에 어떤 숫자를 넣어도 7□□4가 더 작은 수여야 하므로 ★에 가장 작은 숫자인 0을 넣어 생각합니다. 7025>7□□4이므로 7□□4가 될 수 있는 수는 7004, 7014, 7024입니다.

답 3, 7024

2 126을 소인수분해하면 $126=2\times3\times3\times7$입니다. 홀수 번 곱해진 수는 2와 7이므로 126이 제곱수가 되게 곱해야 하는 가장 작은 수는 $2\times7=14$이고, 이때의 제곱수는 $126\times14=1764$입니다.

답 14, 1764

3 한 점에서 출발하여 모든 길을 한 번만 통과하는 경로를 오일러길이라고 합니다. 홀수점이 2개일 때에는 하나의 홀수점에서 출발하여 다른 홀수점에 도착하는 오일러길이 있습니다. 주어진 그림에서 홀수점은 B와 C이므로 두 지점 중 하나가 출발점, 다른 하나가 도착점이 되어야 합니다.

답 B, C(또는 C, B)

4 두 개의 표를 그려 해결합니다.
B는 오씨가 아니고(②), 교사도 아니고(④), 모델도 아니므로(⑤) B는 화가입니다. 장씨는 화가가 아니므로(③) B는 한씨, A는 장씨가 아니므로(①) A는 오씨, C는 장씨입니다.
오씨(A)는 교사이고(④), 장씨는 화가가 아니므로(③) 장씨는 모델, 한씨는 화가입니다.

	장	오	한
A	×	○	×
B	×	×	○
C	○	×	×

	화가	모델	교사
A	×	×	○
B	○	×	×
C	×	○	×

답

	성	직업
A	오	교사
B	한	화가
C	장	모델

5 앞과 오른쪽 옆에서 본 모양에 따라 조감도를 생각하며 위에서 본 모양을 그리면 다음과 같습니다.

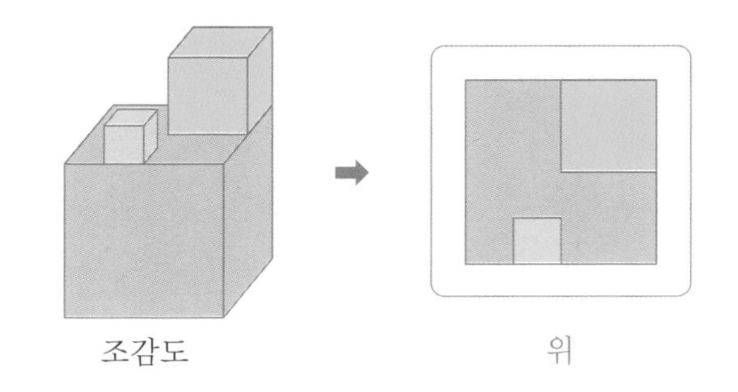

답 풀이 참조

6 개수를 분명히 알 수 있는 것을 먼저 찾아서 위에서 본 모양의 각 칸에 쓴 후, 나머지 칸을 채웁니다.

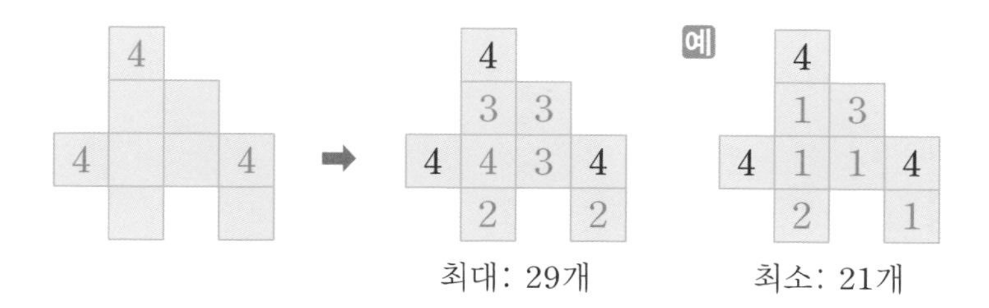

답 29, 21

7 색의 종류를 1, 2, 3, 4, ……와 같이 생각해서 1부터 씁니다. 이때 가능하면 새로운 수를 쓰지 않고 붙어 있는 칸은 다른 수를 씁니다.

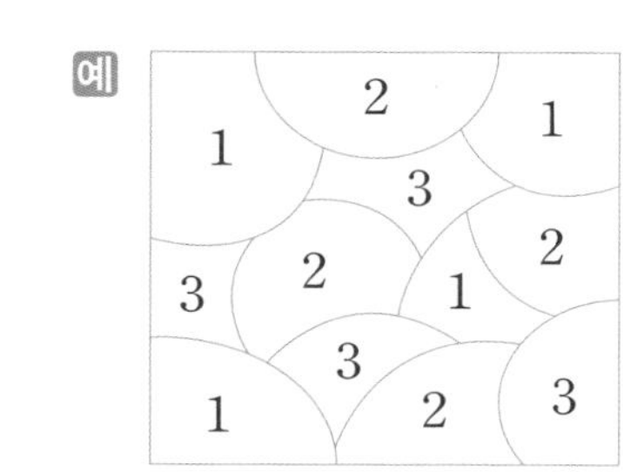

답 3

8 4명이 서로 한 번씩 경기를 했으므로 각자 3번의 팔씨름을 했고, 4명의 점수의 총합은 항상 40점이어야 합니다.
따라서 D의 승점은 $40-(13+8+8)=11$(점)입니다.
3번의 경기에서 1점을 더 얻는 경우는 2승 1패 또는 1승 2무인데, 승점이 13점인 A는 3승, 승점이 8점인 B와 C는 1무 2패이므로 D의 전적은 2승 1패임을 알 수 있습니다.

답 11, 2, 0, 1

9 마지막 남은 쿠키 4개부터 거꾸로 계산하여 답을 구합니다.
C가 가져가기 전의 쿠키의 개수: $(4+2)\times2=12$(개)
B가 가져가기 전의 쿠키의 개수: $12\times2=24$(개)
처음에 상자에 있던 쿠키의 개수: $(24-1)\times2=46$(개)
따라서 처음 있던 46개 중에서 A는 $46-24=22$(개), B는 $24-12=12$(개), C는 $12-4=8$(개) 가져갔습니다.

답 46, 22, 12, 8

10

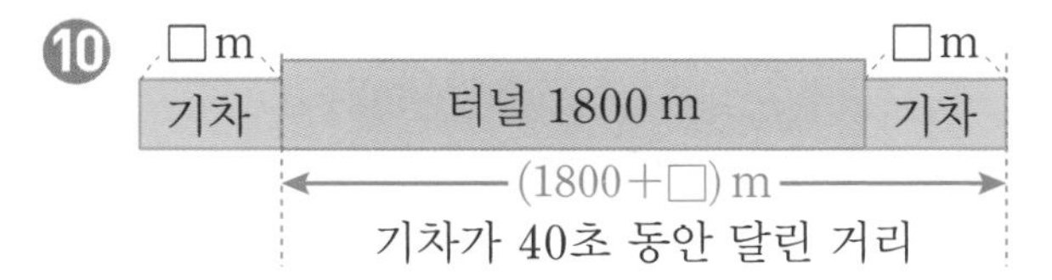

기차는 1분에 3 km를 달리므로 1초에 50 m의 빠르기이고, 40초 동안 간 거리는 $50\times40=2000$(m)입니다. 따라서 기차의 길이는 $2000-1800=200$(m)입니다.

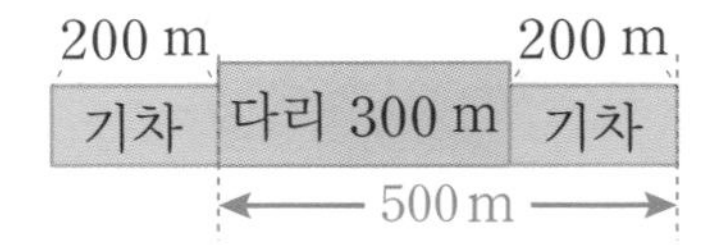

또한 이 기차가 길이 300 m의 다리를 건너려면 500 m를 이동해야 하므로 $500\div50=10$(초)가 걸립니다.

답 200, 10

팩토 Lv.6 – 실전 B

총괄평가

정답 및 풀이

매스티안

영재학급, 영재교육원, 경시대회 준비를 위한

창의사고력 초등 수학

팩토

바른 답
바른 풀이

Lv. 6
응용 B

매스티안

영재학급, 영재교육원, 경시대회 준비를 위한

창의사고력 초등 수학 팩토

바른 답 바른 풀이

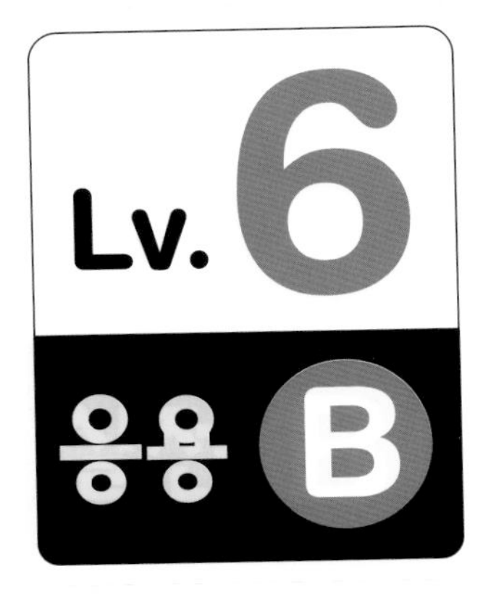

Ⅵ 수론

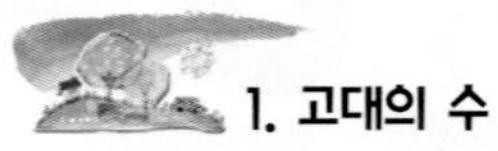

1. 고대의 수 P.8

Free FACTO

[풀이] (1) 위에 있는 수에 20을 곱하고, 아래에 있는 수를 더하면 됩니다.

① ∷ $20\times2+2=42$

② ÷ $20\times6+6=126$

③ $20\times7+15=155$

(2) 마야의 수는 20을 기준으로 만들어졌습니다. 위에 있는 숫자는 20의 자리입니다.

① $25=20+5$

② $68=20\times3+8$

③ $210=20\times10+10$

[답] (1) ① 42 ② 126 ③ 155 (2) ① ② ③ 

[풀이] 뒤의 ▼=1, ◀=10, 앞의 ▼=60을 나타냅니다.

따라서 ▼▼▼▼▼ $=1\times5=5$, ◀◀▼▼▼ $=10\times2+1\times3=23$,

▼◀◀◀▼▼▼▼▼▼▼▼▼ $=60+10\times3+1\times9=99$이고,

$131=60\times2+10\times1+1\times1$이므로 ▼▼◀▼ 입니다.

[답] 5, 23, 99, ▼▼◀▼

2. 도형으로 수 나타내기 P.10

Free FACTO

[풀이] 도형의 각 칸이 나타내는 수는 오른쪽과 같습니다.
각 칸이 나타내는 수만을 더하여 19를 나타냅니다.
$19=16+2+1$
따라서 16, 2, 1을 나타내는 칸을 색칠하면 오른쪽과 같습니다.

16	8	4	2	1

16	8	4	2	1

[답]

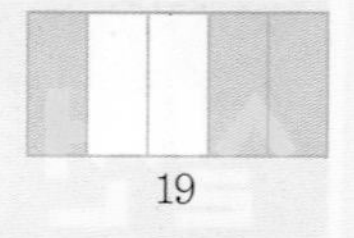

[풀이] (1) 도형의 각 칸이 나타내는 수는 다음과 같습니다.

1	3	9	27
1	3	9	27

도형이 나타내는 수는 색칠된 칸이 나타내는 수를 더하면 됩니다.

1	3	9	27
1	3	9	27

$1+9\times2=19$

1	3	9	27
1	3	9	27

$1+3+9+27=40$

1	3	9	27
1	3	9	27

$1\times2+9\times2=20$

(2) 수를 각 칸이 나타내는 수만을 더하여 나타내고, 이 수가 나타내는 칸을 색칠합니다. 이때, 같은 수가 아래, 위 칸에 있으므로 아래 칸부터 색칠합니다.

1	3	9	27
1	3	9	27

$11=9+1+1$

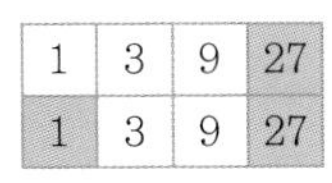

$55=27+27+1$

1	3	9	27
1	3	9	27

$36=27+9$

[답] (1) 19, 40, 20 (2)

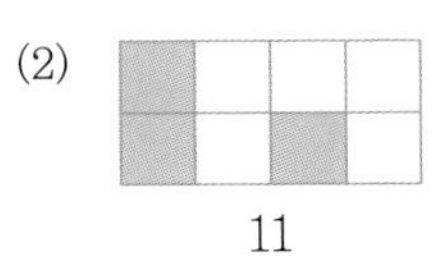

11

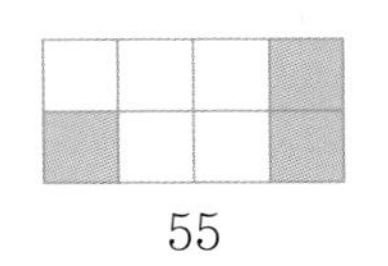

55

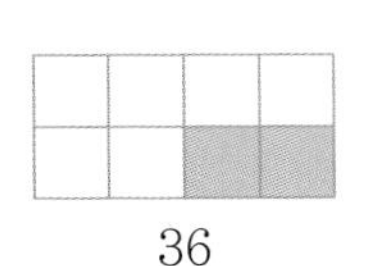

36

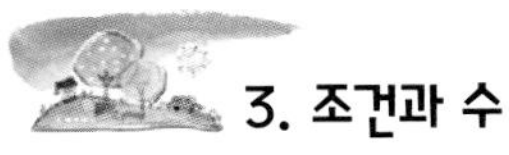

3. 조건과 수 P.12

Free FACTO

[풀이] 600보다 작으므로 백의 자리가 5, 4, 3, 2일 때, 조건에 맞는 수를 나뭇가지 그림을 그려서 찾습니다. 이때, 백의 자리가 1인 경우에는 십의 자리가 0이 되어 일의 자리에 숫자를 쓸 수 없으므로 백의 자리가 1인 경우는 찾지 않습니다.

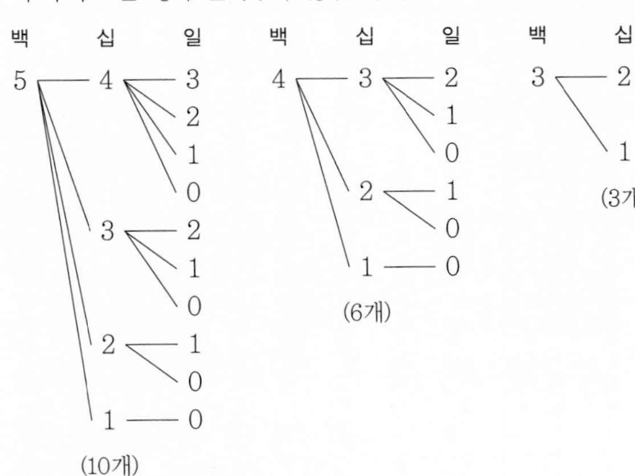

따라서 모두 $10+6+3+1=20$(개)입니다.

[답] 20개

[풀이] 백의 자리 숫자가 1, 3, 5일 때, 조건에 맞는 수를 나뭇가지 그림을 그려서 찾습니다. 이때, 백의 자리가 6인 경우 십의 자리는 8이 되어 일의 자리에 숫자를 쓸 수 없으므로 백의 자리가 6, 8인 경우는 찾지 않습니다.

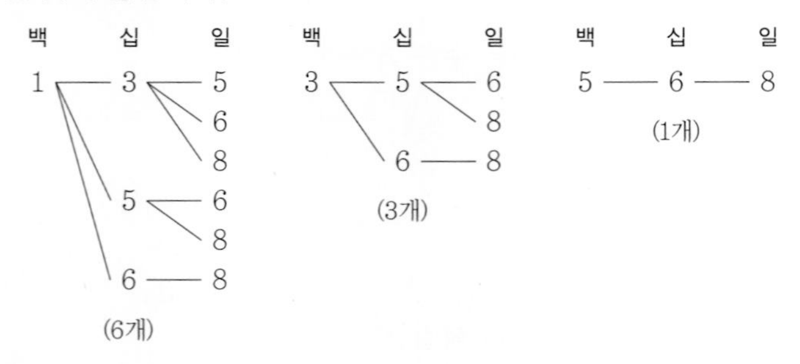

따라서 모두 6+3+1=10(개)입니다.

[답] 10개

[풀이] 47○9의 ○ 안에 어떤 숫자를 넣어도 4□□5가 더 큰 수이므로 ○ 안에 가장 큰 숫자인 9를 넣어 생각합니다. 4799<4□□5이므로 □□가 될 수 있는 수는 80에서 99까지입니다. 따라서 4□□5가 될 수 있는 수는 20개입니다.

[답] 20개

Creative 팩토 P.14

[풀이] H⊿|| = H + ⊿ + || = 100+50+2=152

⊓H||| = ⊓ + H + ||| = 500+100+3=603

[답] 152, 603

[풀이] 도형의 각 칸이 나타내는 수는 다음과 같습니다.

8
4
2
1

도형이 나타내는 수는 색칠된 칸이 나타내는 수를 더하면 됩니다.

8
4
2
1

8+4+2=14

[답] 14

P.15

[풀이] (1) 모양의 각 칸이 나타내는 수는 다음과 같습니다.

81
27
9
3
1

각 칸이 나타내는 수에 대각선의 개수를 곱하면 모양이 나타내는 수가 됩니다.

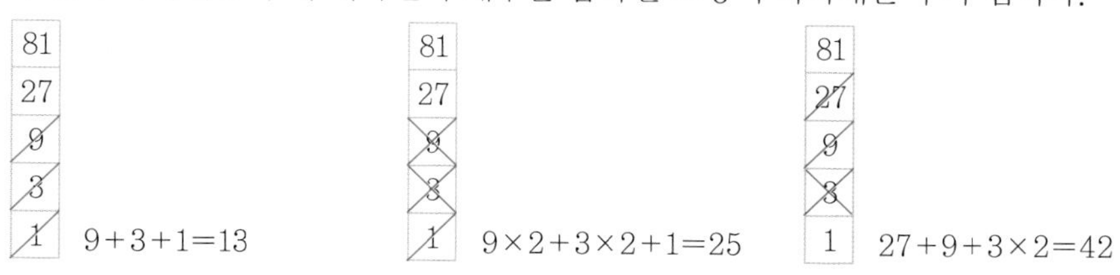

(2) 수를 모양의 각 칸이 나타내는 수만의 합으로 나타냅니다. 이때, 같은 수는 2번까지만 쓸 수 있습니다.

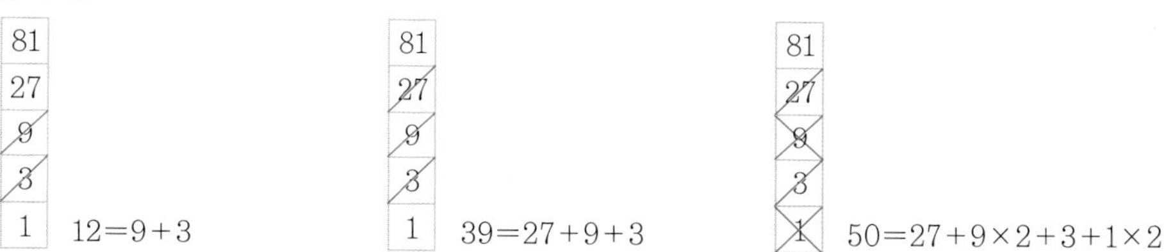

[답] (1) 13, 25, 42

(2)

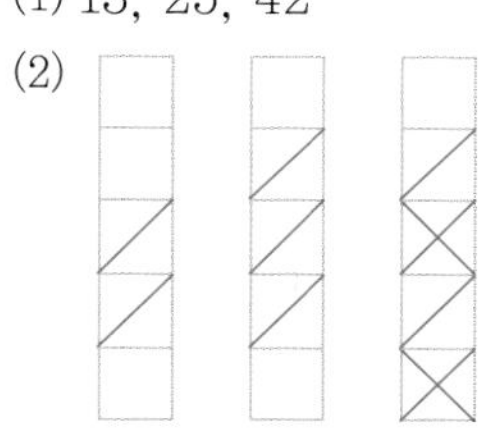

P.16

[풀이] (1) 주판에서 위 칸의 알은 내려올 때 5를 나타내고,
아래 칸의 알은 1개가 올라갈 때 1을 나타냅니다.

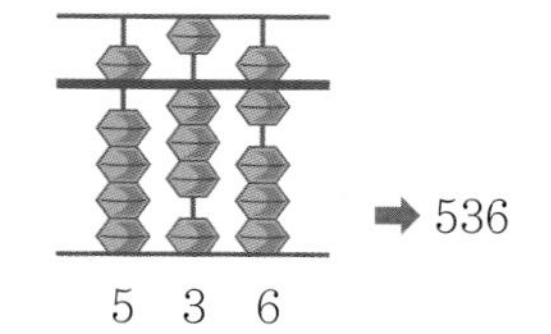

(2)

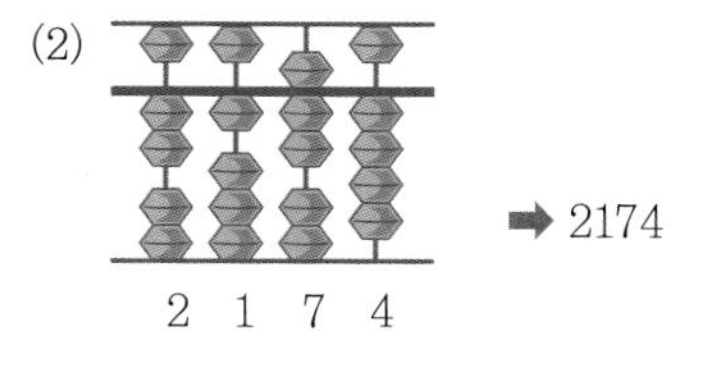

[답] (1) 536 (2) 2174

P.17

[풀이] 세로로 왼쪽의 줄은 한 칸이 1을, 가운데 줄은 한 칸이 4를, 오른쪽 줄은 한 칸이 16을 나타냅니다. 따라서 39를 1, 4, 16만의 합으로 나타내면

1	4	16
1	4	16
1	4	16

39=1+1+1+4+16+16

이므로

○		
○		○
○	○	○

으로 나타낼 수 있습니다.

[답] 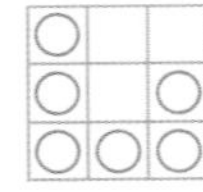

[풀이] 1000보다 크고 2000보다 작으므로 천의 자리 숫자는 1입니다.
백의 자리 숫자와 십의 자리 숫자는 0부터 9까지 10개의 숫자가 들어갈 수 있고, 각각의 경우에 일의 자리에 0부터 9까지 10개의 숫자가 들어갈 수 있습니다.
그런데 1000보다는 커야 하므로 1000을 제외하면 $10 \times 10 - 1 = 99$(개)입니다.
[답] 99개

4. 0의 개수

P.18

Free FACTO

[풀이] 1에서 10까지 각 수에 2와 5가 몇 번 곱해져 있는지 찾습니다.

	2의 개수	5의 개수
1		
2	1개	
3		
4	2개	
5		1개
6	1개	
7		
8	3개	
9		
10	1개	1개

1에서 10까지를 모두 곱하면 2는 모두 8번, 5는 모두 2번 곱해집니다. 2와 5를 한 번 곱하면 0이 하나 생기므로 곱의 끝에 붙는 0은 모두 2개입니다.
[답] 2개

[풀이] $10\times20\times30\times40\times50\times60\times70\times80$
$=10\times(2\times10)\times(3\times10)\times(4\times10)\times(5\times10)\times(6\times10)\times(7\times10)\times(8\times10)$
$=(1\times2\times3\times4\times5\times6\times7\times8)\times(10\times10\times10\times10\times10\times10\times10\times10)$
2와 5의 곱이 한 번 나오고 10이 8번 곱해져 있으므로 끝에 9개의 0이 붙습니다.
[답] 9개

[풀이] 5가 곱해져 있는 수는 5의 배수입니다. 따라서 5, 10, 15, 20, 25에는 5가 곱해져 있으므로 모두 5개의 수에 5가 곱해져 있습니다.
그런데 25에는 5가 2번 곱해져 있으므로 1부터 25까지 곱한 수에는 5가 6번 곱해져 있습니다.
따라서 5로 계속 나누면 6번 나누어떨어집니다.
[답] 6번

5. 제곱수 P.20

Free FACTO

[풀이] 45를 소수들의 곱으로 나타내면 $45=3\times3\times5$입니다. 3은 2번, 5는 1번 나오므로 곱하여 제곱수가 되게 하는 가장 작은 수는 5입니다. 따라서 $45\times5=15\times15=225$입니다.
[답] 5

[풀이] $10\times10=100$이고, $31\times31=961$, $32\times32=1024$입니다. 따라서 100과 1000 사이에 있는 제곱수는 11×11, 12×12, $\cdots$, 31×31로 $31-10=21$(개)입니다.
[답] 21개

[풀이] 360을 소인수분해하면 $360=2\times2\times2\times3\times3\times5$입니다. 제곱수가 되기 위해서는 어떤 수를 곱해서 소인수분해를 하였을 경우 소수가 짝수 번 나와야 하므로 2가 1개, 5가 1개 더 있으면 됩니다.
따라서 $360\times2\times5=360\times10=3600=60\times60$이므로 구하는 수는 10입니다.
[답] 10

6. 숫자 카드로 수 만들기 P.22

Free FACTO

[풀이] ㉠이 5보다 큰 수라고 생각하면 만들 수 있는 세 자리 수 중 가장 큰 수는 ㉠54, 가장 작은 수는 345입니다. 두 수를 더하면 ㉠54+345=100×㉠+399로 677이 될 수 없습니다.
㉠이 3보다 작은 수라고 생각하면 만들 수 있는 세 자리 수 중 가장 큰 수는 543, 가장 작은 수는 ㉠34입니다. 두 수를 더하면 543+㉠34=100×㉠+577로 677이 되려면 ㉠=1이 되어야 합니다.
[답] 1

[풀이] 보이지 않는 숫자 카드에 쓰인 수를 ㉠이라 하고, 다음 3가지 경우로 나누어 생각합니다.

① ㉠이 0보다 크고 4보다 작은 경우

만들 수 있는 세 자리 수 중 가장 큰 수는 74㉠, 가장 작은 수는 ㉠04입니다.

두 수를 더하면 74㉠+㉠04=㉠×100+㉠+744로 이 수가 1170이 되어야 합니다. 일의 자리 숫자가 0이 되려면 ㉠=6이 되어야 하는데 ㉠은 4보다 작아야 하므로 성립하지 않습니다.

② ㉠이 4보다 크고 7보다 작은 경우

만들 수 있는 세 자리 중 가장 큰 수는 7㉠4, 가장 작은 수는 40㉠입니다.

두 수를 더하면 7㉠4+40㉠=㉠×10+㉠+1104로 이 수가 1170이 되어야 합니다. 일의 자리 숫자가 0이 되려면 ㉠=6이 되어야 하고, 이는 4보다 크고 7보다 작은 숫자이며, 합이 1170이 됩니다.

③ ㉠이 7보다 큰 경우

만들 수 있는 세 자리 수 중 가장 큰 수는 ㉠74이고 가장 작은 수는 407입니다.

두 수를 더하면 ㉠74+407=㉠×100+481로 일의 자리 숫자가 1이어서 1170이 될 수 없습니다.

[답] 6

[풀이] 다음과 같이 3가지 경우로 나누어 생각합니다.

① ?가 6보다 큰 경우

만들 수 있는 가장 큰 수는 ?630, 가장 작은 수는 306?입니다.

두 수를 더하면 ?630+306?=?×1000+?+3690으로 이 수가 10697이 되어야 합니다. 일의 자리가 7이 되기 위해서는 ?=7이 되어야 하고, 이는 6보다 큰 숫자이며, 합이 10697이 됩니다.

② ?가 3보다 크고 6보다 작은 경우

만들 수 있는 가장 큰 수는 6?30, 가장 작은 수는 30?6 입니다.

두 수를 더하면 6?30+30?6=?×100+?×10+9036으로 일의 자리가 6이어서 10697이 될 수 없습니다.

③ ?가 0보다 크고 3보다 작은 경우

만들 수 있는 가장 큰 수는 63?0, 가장 작은 수는 ?036입니다.

두 수를 더하면 63?0+?036=?×1000+?×10+6336으로 일의 자리가 6이어서 10697이 될 수 없습니다.

[답] 7

[풀이] 1에서 50까지 각 수에 2와 5가 몇 번 곱해져 있는지 찾습니다.

	2의 개수	5의 개수
1		
2	1개	
3		
4	2개	
5		1개
6	1개	
7		
8	3개	
9		
10	1개	1개

	2의 개수	5의 개수
11		
12	2개	
13		
14	1개	
15		1개
16	4개	
17		
18	1개	
19		
20	2개	1개

	2의 개수	5의 개수
21		
22	1개	
23		
24	3개	
25		2개
26	1개	
27		
28	2개	
29		
30	1개	1개

	2의 개수	5의 개수
31		
32	5개	
33		
34	1개	
35		1개
36	2개	
37		
38	1개	
39		
40	3개	1개

	2의 개수	5의 개수
41		
42	1개	
43		
44	2개	
45		1개
46	1개	
47		
48	4개	
49		
50	1개	2개

1에서 50까지를 모두 곱하면 2는 모두 47번, 5는 모두 12번 곱해져 있습니다. 2와 5를 한 번 곱하면 0이 하나 생기므로 곱의 끝에 붙은 0은 모두 12개입니다.

[답] 12째 번 자리

[풀이] $1\times2=2$

$1\times2\times3=6$

$1\times2\times3\times4=24$

$1\times2\times3\times4\times5=120$

이고, 이후에는 2와 5가 적어도 한 번 이상은 곱해지므로 일의 자리 숫자는 계속 0입니다. 따라서 일의 자리 숫자를 모두 더하면

$2+6+4+0+0+0+\cdots=2+4+6=12$입니다.

[답] 12

[풀이] 일의 자리 숫자가 5인 어떤 수를 제곱하면 다음과 같은 규칙이 있습니다.

$5\times5=\underline{25}$

$15\times15=2\underline{25}$ (1×2)

$25\times25=6\underline{25}$ (2×3)

$35\times35=12\underline{25}$ (3×4)

$45\times45=20\underline{25}$ (4×5)

따라서 2995×2995도 끝의 두 자리 수는 25이고, 그 앞의 자리는 $299\times300=89700$이므로 $2995\times2995=8970025$가 됩니다.

[답] 8970025

4 **[풀이]** 각각의 수에 2와 5가 몇 번 곱해져 있는지 찾습니다. 이를 찾기 위해서 곱하는 각 수를 소인수분해합니다.

곱하는 수	소인수분해	2의 개수	5의 개수
625	5×5×5×5		4개
2	2	1개	
125	5×5×5		3개
4	2×2	2개	
25	5×5		2개
8	2×2×2	3개	
5	5		1개
16	2×2×2×2	4개	
32	2×2×2×2×2	5개	

계산 결과에는 2가 15개, 5가 10개 곱해져 있습니다.
따라서 계산 결과의 끝에 0이 10개 붙습니다.
[답] 10개

5 **[풀이]** 27과 45를 소인수분해하면 다음과 같습니다.
27=3×3×3, 45=3×3×5
따라서 27×45=3×3×3×3×3×5입니다. 제곱수가 되기 위해서는 각 소수가 짝수 번 곱해져야 하므로 3×5를 더 곱하면 3이 6개, 5가 2개로 각 소수가 짝수 개가 됩니다.
따라서 27×45×㉠이 제곱수가 되도록 할 때 ㉠이 될 수 있는 가장 작은 수는 3×5=15입니다.
[답] 15

6 **[풀이]** 1000을 소인수분해하면 1000=2×2×2×5×5×5입니다. 1000을 두 수의 곱으로 나타낼 때 하나의 수에 2와 5가 모두 들어 있으면 10의 배수가 되므로 2와 5가 같은 수에 들어가지 않도록 나눕니다. 2×2×2=8과 5×5×5=125로 나눌 수 있습니다.
따라서 곱한 두 수는 8과 125이고, 두 수의 합은 8+125=133입니다.
[답] 133

7 **[풀이]** (1) 세 장의 숫자 카드로 만든 수 중 가장 큰 수 ㉠㉡㉢에서 가장 작은 수인 ㉢㉡㉠을 빼면 423이 되어야 합니다. ㉡이 ㉢보다 큰 수이면 100+㉡㉢−㉡㉠을 계산하여야 하므로 23이 될 수 없습니다.
따라서 뽑은 3장의 숫자 카드에 0이 없을 경우 만든 두 수의 차가 423이 될 수 없습니다.

```
  ㉠㉡㉢
- ㉢㉡㉠
  4 2 3
```

(2) 큰 수가 되기 위해서는 높은 자리의 숫자가 크고 낮은 자리의 숫자가 작아야 합니다. 그러나 0이 가장 높은 자리인 백의 자리에 들어갈 수 없습니다.
따라서 ㉠, ㉡, 0을 이용하여 만들 수 있는 수 중에서 가장 큰 수는 ㉠㉡0이고, 가장 작은 수는 ㉡0㉠입니다.

(3) 차의 일의 자리가 3이므로 ㉠=7입니다. ㉡에서 10을 일의 자리에 받아내림 하였으므로 ㉡=3입니다.

```
  ㉠㉡0
- ㉡0㉠
  4 2 3
```

(4) 3장의 숫자 카드에 쓰인 숫자의 합은 $7+3+0=10$입니다.
[답] (1) 풀이 참조 (2) 가장 큰 수: ㉠㉡0, 가장 작은 수: ㉡0㉠ (3) ㉠=7, ㉡=3 (4) 10

Thinking 팩토 P.28

[풀이] 앞의 칸은 60의 자리, 뒤의 칸은 1의 자리를 나타내므로
▼▼▼ $=60\times3=180$이고, ≪▼▼▼ $=20+3=23$입니다.
따라서 ㉠에 알맞은 수는 ▼▼▼≪▼▼▼ $=180+23=203$입니다.
[답] 203

[풀이] 모양의 각 칸이 나타내는 수는 다음과 같습니다.

		6
	2	6
1	2	6

따라서 이 나타내는 수는 $1+2+6+6=15$입니다.
[답] 15

P.29

[풀이] 어떤 두 자리 수를 ㉠㉡이라 하면 ㉡㉠$+16=75$이고, ㉡㉠$=59$입니다. 따라서 어떤 두 자리 수 ㉠㉡은 95입니다.
[답] 95

[풀이] 1에서 99까지의 수 중에서는 숫자 0이 연속하여 2개 붙어 있는 수는 없습니다.
100에서 9999까지의 수 중에서 십의 자리와 일의 자리에 숫자 0이 연속하여 2개 붙어 있는 수는 100, 200, ⋯, 9900의 99개에서 1000, 2000, ⋯, 9000의 9개를 뺀 90개입니다.
1000에서 9999까지의 수 중에서 백의 자리와 십의 자리에 숫자 0이 연속하여 2개 붙어 있는 수는 □00□에서 천의 자리와 일의 자리에 모두 1에서 9까지의 숫자가 들어갈 수 있으므로 $9\times9=81$(개) 있습니다.
따라서 모두 $90+81=171$(개)가 있습니다.
[답] 171개

P.30

[풀이] 10000을 소인수분해하여 2와 5가 같은 수에 포함되지 않도록 두 수로 나눕니다.

$$\begin{aligned}10000&=10\times10\times10\times10\\&=(2\times5)\times(2\times5)\times(2\times5)\times(2\times5)\\&=(2\times2\times2\times2)\times(5\times5\times5\times5)\\&=16\times625\end{aligned}$$

따라서 각 자리에 숫자 0을 가지고 있지 않은 두 수는 16과 625입니다.
[답] 16, 625

[풀이] 26!은 1부터 26까지의 모든 수의 곱을 나타냅니다. 각 수에 2와 5가 몇 번 곱해져 있는지 찾습니다.

	2의 개수	5의 개수
1		
2	1개	
3		
4	2개	
5		1개
6	1개	
7		
8	3개	
9		
10	1개	1개

	2의 개수	5의 개수
11		
12	2개	
13		
14	1개	
15		1개
16	4개	
17		
18	1개	
19		
20	2개	1개

	2의 개수	5의 개수
21		
22	1개	
23		
24	3개	
25		2개
26	1개	

1에서 26까지를 모두 곱하면 2는 모두 23번, 5는 모두 6번 곱해져 있습니다. 2와 5를 한 번 곱하면 0이 하나 생기므로 곱의 끝에 붙은 0은 모두 6개입니다.

[답] 6개

[별해] 1에서 26까지의 수 중에서 2의 배수는 13개, 4의 배수는 6개, 8의 배수는 3개, 16의 배수는 1개 있습니다. 따라서 2는 모두 $13+6+3+1=23$(번) 곱해져 있습니다.
또, 5의 배수는 5개, 25의 배수는 1개 있으므로 5는 모두 $5+1=6$(번) 곱해져 있습니다.

P.31

[풀이] (1) ?에 쓰인 숫자가 7이거나 7보다 큰 수라고 할 때, 가장 큰 수를 만들려면 큰 숫자가 높은 자리에 있어야 하고, 가장 작은 수를 만들려면 큰 수가 낮은 자리에 있어야 합니다.
다만, 0이 가장 높은 자리에 있을 수는 없습니다. 따라서 가장 큰 수는 ??773300이고, 가장 작은 수는 300377??입니다. 가장 큰 수와 가장 작은 수의 차는

$$\begin{array}{r} ??773300 \\ -\ 300377?? \\ \hline 47408823 \end{array}$$

이어야 하므로 십의 자리와 일의 자리가 23이기 위해서는 ?=7이 되어야 하지만 ?=7일 때 두 수의 차는 47408823이 될 수 없습니다.

(2) ?가 3이거나 3보다 크고 7보다 작은 수라고 하면, 가장 큰 수는 77??3300이고, 가장 작은 수는 3003??77입니다. 가장 큰 수와 가장 작은 수의 차는

$$\begin{array}{r} 77??3300 \\ -\ 3003??77 \\ \hline 47408823 \end{array}$$

이어야 하므로 ?=4이면 성립합니다.

(3) ?가 3보다 작은 수라고 하면, 가장 큰 수는 7733??00이고, 가장 작은 수는 ?00?3377입니다. 가장 큰 수와 가장 작은 수의 차는

$$\begin{array}{r} 7733??00 \\ -\ ?00?3377 \\ \hline 47408823 \end{array}$$

이어야 하므로 성립하는 ?를 구할 수 없습니다.

(4) (1), (2), (3)에서 ?에 쓰인 숫자는 4입니다.

[답] (1) 가장 큰 수: ??773300, 가장 작은 수: 300377??
두 수의 차가 47408823이 될 수 없습니다.
(2) 가장 큰 수: 77??3300, 가장 작은 수: 3003??77
두 수의 차가 47408823이 될 수 있습니다.
(3) 가장 큰 수: 7733??00, 가장 작은 수: ?00?3377
두 수의 차가 47408823이 될 수 없습니다.
(4) 4

Ⅶ 논리추론

1. 패리티 P.34

Free FACTO

[풀이] 컵 2개를 뒤집으면 뒤집기 전과 후의 위로 향한 컵의 개수 차이는 2개입니다.

컵 2개를 뒤집는 방법은 3가지 경우가 있는데, 뒤집기 전과 후의 위로 향한 컵의 개수 차이를 구해 보면 다음과 같습니다.

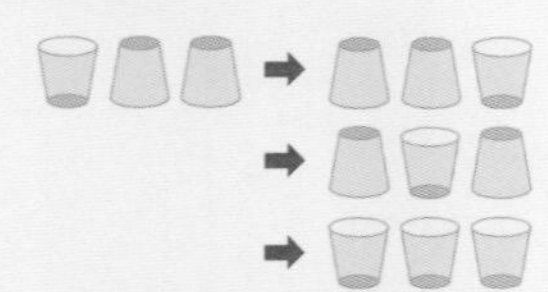

한 번 뒤집을 때 위로 향한 컵의 개수 차이가 0개 또는 2개입니다. 모두 아래로 향하게 놓는 것은 위로 향한 컵의 개수가 0개일 때이므로 홀수인 3에 0 또는 2를 더하거나 빼서 0을 만들 수 없습니다.
따라서 3개의 컵을 모두 아래로 향하게 놓을 수 없습니다.
[답] 풀이 참조

[풀이] 1과 2가 보일 때, 두 수의 합은 3입니다. 이때, 한 번 뒤집으면 두 수의 합은 4(2+2) 또는 2(1+1)입니다. 이때 카드를 한 장 더 뒤집으면 그 합은 항상 3이 됩니다. 이와 같은 과정을 반복하면 카드를 홀수 번 뒤집으면 그 합은 4 또는 2, 짝수 번 뒤집으면 그 합은 3으로 항상 일정합니다.
따라서 10번 뒤집으면 합은 3입니다.
[답] 3, 이유: 풀이 참조

[풀이] 인접한 전시실은 다른 색이 되도록 오른쪽 그림과 같이 검은색과 흰색으로 칠하면 한 번 이동할 때마다 전시실의 색이 바뀝니다. 전시실을 모두 통과하려면 11번 이동하여 출발한 전시실과 마지막 전시실의 색이 달라야 하므로 검은색 전시실의 개수와 흰색 전시실의 개수가 같아야 합니다.
그림에서 검은색 전시실은 7개이고 흰색 전시실은 5개이므로 어느 한 전시실에서 출발하여 모든 전시실을 한 번씩만 통과하는 방법은 없습니다.
[답] 풀이 참조

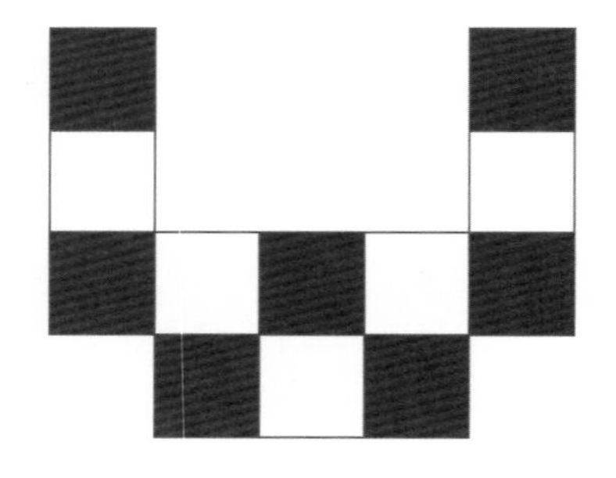

2. 최적 경로 설계 P.36

Free FACTO

[풀이] 한 번 지났던 모서리를 다시 지날 수 없고, 가장 많이 돌아서 와야 합니다.
따라서 그림과 같이 모서리를 지날 때 그 경로가 가장 길고, 그 거리는 $30\times4+20\times2+10\times2=180$(cm)입니다.
[답] 180cm, 그림 참조

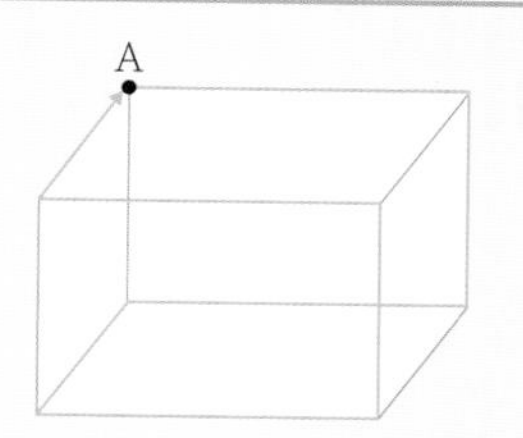

[풀이] A에서 B까지 돌아서 가지 않는 방법은 6가지 방법이 있습니다. 각 경우에 걸린 시간을 구해 보면 다음과 같습니다.

① 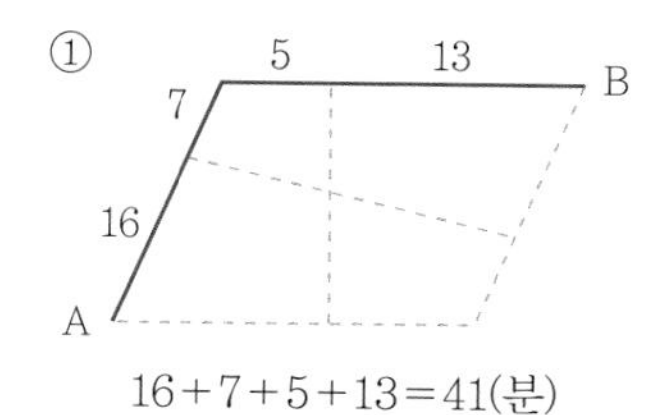

$16+7+5+13=41$(분)

② 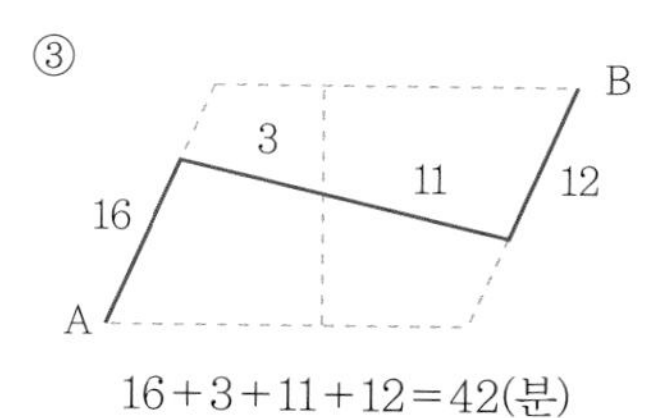

$16+3+9+13=41$(분)

③
$16+3+11+12=42$(분)

④ 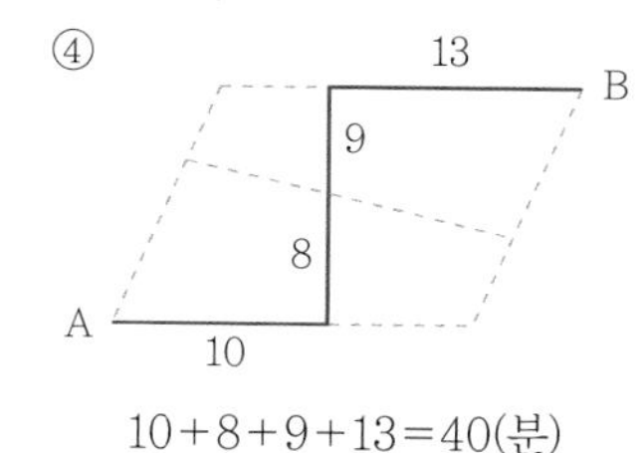

$10+8+9+13=40$(분)

⑤ 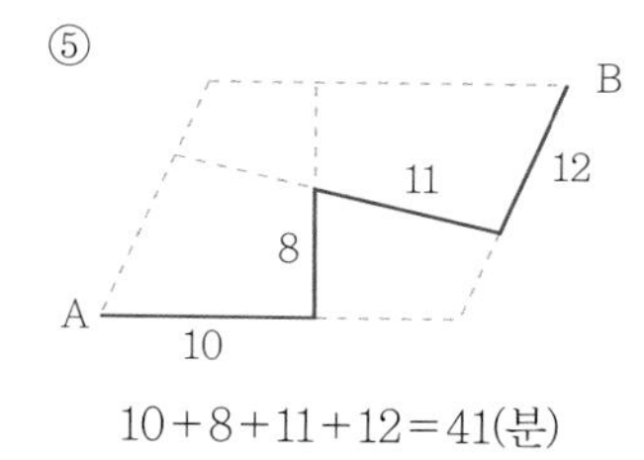

$10+8+11+12=41$(분)

⑥ 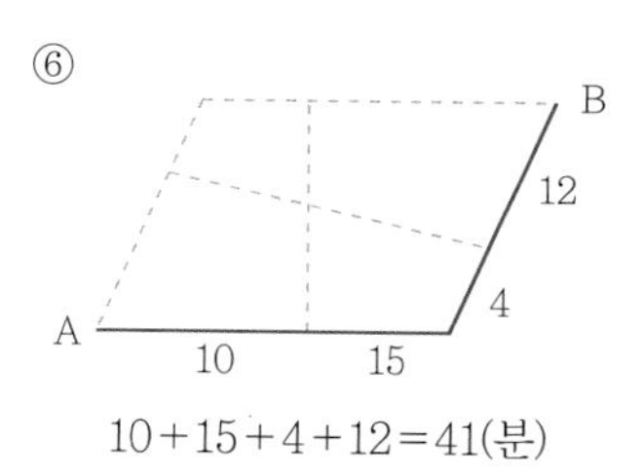

$10+15+4+12=41$(분)

따라서 ④가 가장 빨리 가는 방법입니다.
[답] 40분

3. 가짜 금화 찾기 P.38

Free FACTO

[풀이] 첫째 번, 둘째 번 저울에서 다음 사실을 알 수 있습니다.

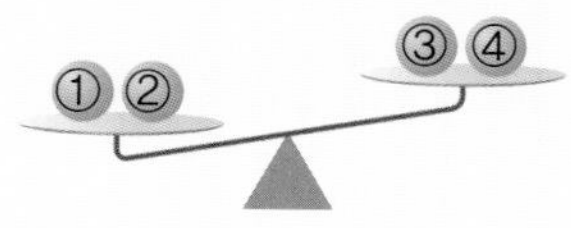

③ 또는 ④가 가볍다.

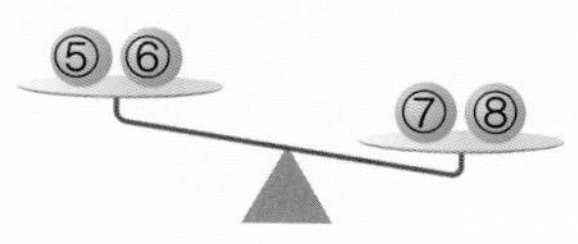

⑤ 또는 ⑥이 가볍다.

가벼운 공은 2개이므로 ③, ④가 모두 가볍거나 ⑤, ⑥이 모두 가벼울 수는 없습니다. 따라서 가벼운 공 2개는 (③, ⑤), (③, ⑥), (④, ⑤), (④, ⑥)이 될 수 있습니다.
셋째 번 저울에서 가벼운 공이 아닌 것을 지워 보면 오른쪽과 같습니다.
③과 ④가 모두 가벼운 공일 수는 없으므로 가벼운 공은 ④와 ⑤입니다.
[답] ④, ⑤

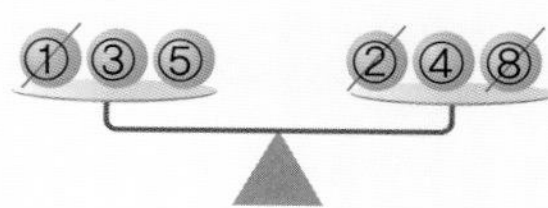

[풀이] 둘째 번 저울에서 ①과 ④는 가짜 금화가 아닌 것을 확인할 수 있습니다.
첫째 번 저울에서 ②가 가볍거나 ③이 무거워야 합니다.
셋째 번 저울에서는 ② 또는 ③이 무거워야 합니다.
따라서 ③이 무거운 금화입니다.
[답] 가짜 금화는 ③이고, 진짜 금화보다 무겁습니다.

Creative 팩토

P.40

[풀이] 인접한 칸이 다른 색이 되도록 오른쪽 그림과 같이 칠합니다. 도미노 하나가 검은 칸과 흰 칸을 한 개씩 채우기 때문에 도미노가 격자판을 모두 채우려면 검은 칸과 흰 칸의 개수가 같아야 합니다. 그림의 검은 칸은 8개, 흰 칸은 6개이므로 도미노 7개로는 모두 채울 수 없습니다.
[답] 풀이 참조

[풀이] 4개의 점을 지나 출발점으로 다시 돌아오려면 적어도 5개의 선분을 지나야 합니다. 선분은 긴 선분과 짧은 선분 2가지가 있는데, 출발점과 ④가 연결되어 있지 않아 짧은 선분 5개를 지날 수는 없습니다. 또 긴 선분 1개를 지나면 짧은 선분 4개를 지나서 출발점으로 돌아올 수 없습니다.
따라서 짧은 선분 3개와 긴 선분 2개를 지나 출발점으로 되돌아오는 방법을 생각해 봅니다.

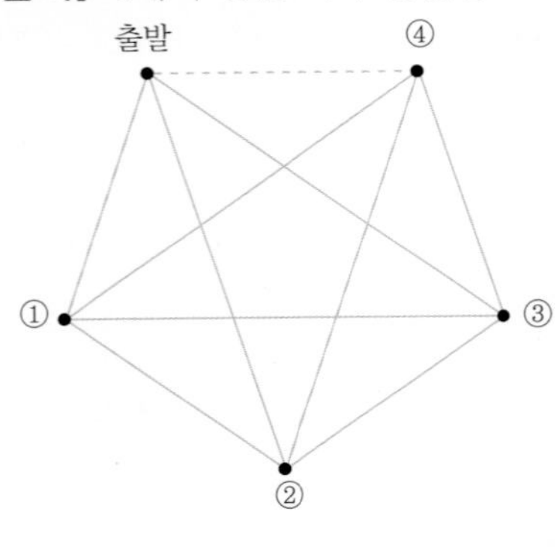

출발점 → ① → ② → ④ → ③ → 출발점
출발점 → ① → ④ → ③ → ② → 출발점
출발점 → ② → ③ → ④ → ① → 출발점
출발점 → ③ → ④ → ② → ① → 출발점

[답] 풀이 참조

P.41

[풀이] 모든 길을 순찰하고 다시 파출소로 돌아오려면 오일러 길로 생각할 때 홀수점이 0개이어야 합니다.
그러나 그림에서는 홀수점이 2개이므로 다시 파출소로 돌아오기 위해서는 갔던 길을 한 번 더 통과해야 합니다.
그림에서 홀수점을 연결하여 짝수점으로 만든 뒤, 이 길을 다시 한 번 통과하도록 하여 파출소에 돌아가도록 하면 총 14km의 길을 걷는 셈이 됩니다.
[답] 14km

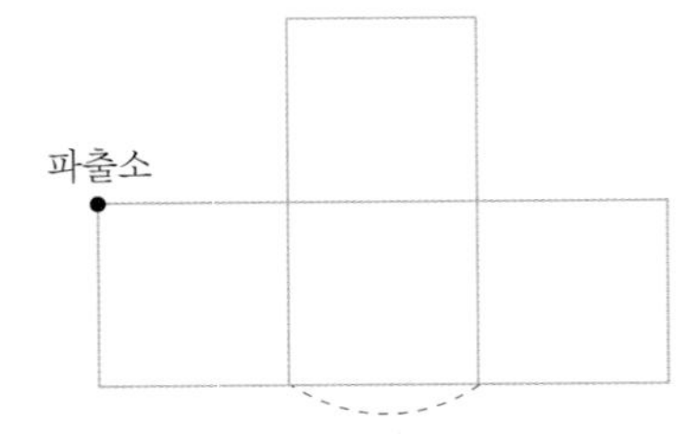

[풀이] 금화 5개를 ①, ②, ③, ④, ⑤라 하고, 그 중 2개씩 저울에 올립니다.

(i) 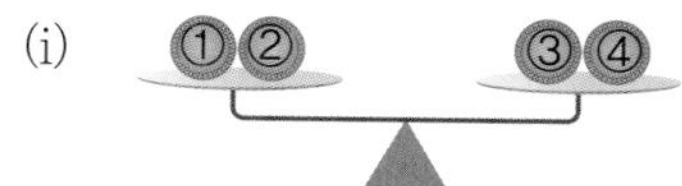

이면, ⑤가 가짜입니다.

(ii) 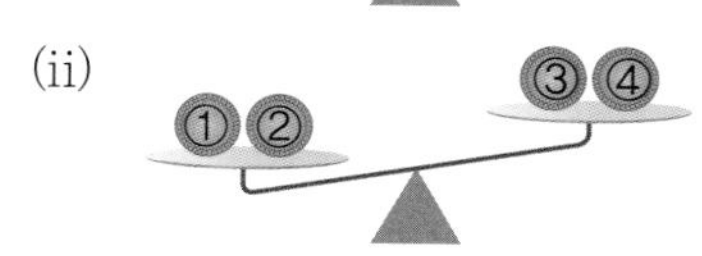

이면, ③과 ④ 중 가벼운 가짜가 있음을 알 수 있으므로 ③과 ④를 한 번 더 비교하여 가벼운 가짜를 알아냅니다.

(iii) 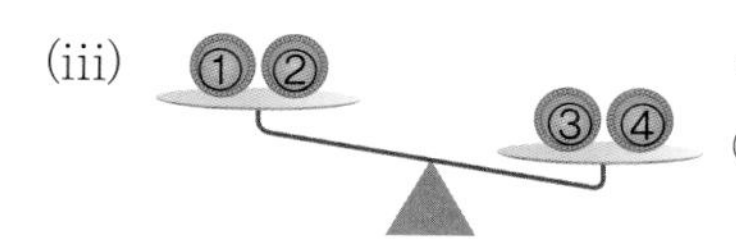

이면, ①과 ② 중 가벼운 가짜가 있음을 알 수 있으므로 (ii)와 같이 ①과 ②를 비교하여 가벼운 가짜 금화를 알아냅니다.

따라서 적어도 2번은 사용해야 반드시 가짜 금화를 찾을 수 있습니다.

[답] 2번

P.42

[풀이] 각 건물은 한 번씩만 지나되 다시 집으로 돌아오는 최소한의 거리를 생각해야 하기 때문에 한붓그리기가 되는 모든 점이 짝수점이 되도록 만듭니다.
그림의 모든 점이 홀수점이므로 짝수점이 되도록 길이가 긴 선부터 지워 나가도록 합니다.
따라서 $50+40+20+40+60+40=250(\text{m})$이므로 명석이는 오늘 적어도 250m를 걸어야 합니다.

[답] 250m

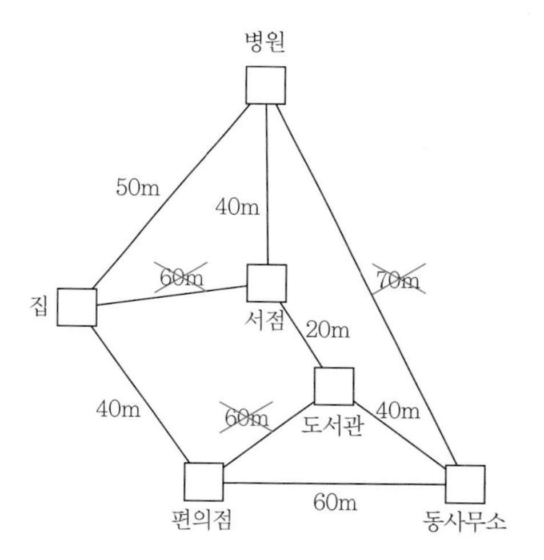

[풀이] 그림을 간단하게 나타내면 다음과 같습니다.
① ②>④ ⑤ , ② ⑤>① ④, ②=③
②와 ③은 무게가 같기 때문에 진짜 금화이고 ①, ⑤는 처음 식과 둘째 번 식에서 보면 무게가 무거운 쪽과 가벼운 쪽에 모두 섞여 있기 때문에 무게가 다른 가짜 금화가 아닙니다.
따라서 둘째 번 식 ② ⑤>① ④ 에서 ①과 ⑤를 없애도 무게는 변하지 않고 ②>④에서 ②가 진짜 금화이기 때문에 ④가 가벼운 가짜 금화임을 알 수 있습니다.

[답] ④, 가벼운 가짜 금화

P.43

[풀이] (1) A 상자에 있는 공깃돌을 B 상자로 또는 B 상자에 있는 공깃돌을 A 상자로 옮겨도 전체 공깃돌의 개수는 변하지 않습니다. 따라서 공깃돌은 205+502=707(개)로 일정하고, 707개의 공깃돌은 똑같이 둘로 나눌 수 없습니다.

(2) A 상자와 B 상자에서 같은 개수만큼 공깃돌을 꺼내면 그 개수는 항상 짝수가 됩니다. 따라서 남아 있는 공깃돌의 개수는 전체 707개에서 짝수 개만큼을 뺀 홀수 개입니다.

(3) 두 상자에 들어 있는 공깃돌의 개수의 합은 홀수 개로 한 번에 두 상자에서 같은 개수만큼의 공깃돌을 꺼내면 짝수 개가 꺼내어지므로 두 상자에 남은 공깃돌의 개수는 홀수 개가 됩니다.

(홀수)−(짝수)=(홀수)

또, 한 상자에서 다른 상자로 공깃돌을 옮겨도 두 상자에 들어 있는 공깃돌 개수의 합은 변하지 않습니다. 따라서 몇 번의 시행을 하더라도 남은 공깃돌의 개수는 홀수 개가 됩니다.

따라서 A, B 상자에 남은 공깃돌의 개수를 같게 만들 수는 없습니다.

[답] (1) 풀이 참조 (2) 홀수 개 (3) 풀이 참조

4. 수의 배열

P.44

Free FACTO

[풀이] 넷째 번 수가 B이므로 B−F=2에서 F는 둘째 번 수입니다. 또 C−D=2에서 C와 D 사이에 1칸이 있어야 합니다. 다음 3가지 경우가 있습니다.

①

D	F	C	B			

②

	F	D	B	C		

③

	F		B	D		C

D가 A보다 크므로 ①은 될 수 없습니다. G−E=3에서 G와 E 사이에 2칸이 있어야 하므로 ②도 될 수 없습니다. 따라서 조건에 맞게 ③에 채우면 A F E B D G C 입니다.

[답]

A	F	E	B	D	G	C

[풀이] 3과 가로, 세로로 이웃한 칸에는 2, 4를 넣을 수 없으므로 2, 4를 먼저 넣고 나머지 수를 채워 넣습니다. 다음의 2가지 방법이 있습니다.

5	3	1
2	6	4

1	3	5
4	6	2

[답] 풀이 참조

[풀이] 1과 5 사이에 있는 수의 합이 7이므로 3, 4가 들어가야 합니다. 또, 2와 4 사이에는 1, 3이 들어가야 합니다. 이를 만족하도록 수를 배열하면 다음과 같이 2가지 방법이 있습니다.

2	1	3	4	5

5	4	3	1	2

[답] 풀이 참조

5. 연역적 논리 P.46

Free FACTO

[풀이] 주어진 조건으로 표를 완성하면 둘째 번과 다섯째 번 조건으로 다음과 같이 채워집니다.

(모자)

	빨간색	파란색	노란색
갑우	×		
을호			×
병수			

(옷)

	빨간색	파란색	노란색
갑우			
을호			×
병수			

① 을호가 빨간색 모자를 쓴 경우

(모자)

	빨간색	파란색	노란색
갑우	×		
을호	○	×	×
병수	×		

(옷)

	빨간색	파란색	노란색
갑우		×	
을호	×	○	×
병수		×	

모자와 옷의 색이 달라야 하므로 파란색 옷을 입어야 합니다. 그런데 이것은 셋째 번 조건에 맞지 않습니다.

② 을호가 파란색 모자를 쓴 경우

(모자)

	빨간색	파란색	노란색
갑우	×	×	○
을호	×	○	×
병수	○	×	×

(옷)

	빨간색	파란색	노란색
갑우	×	○	×
을호	○	×	×
병수	×	×	○

셋째, 넷째 번 조건과도 모순되지 않게 완성됩니다.

[답] 갑우: 노란색 모자, 파란색 옷
을호: 파란색 모자, 빨간색 옷
병수: 빨간색 모자, 노란색 옷

[풀이] 오른쪽과 같이 2개의 표를 만들어서 알아보면 A의 동생의 나이는 22살이므로 A는 20살이 아닙니다.(①)
또 A는 30살도 아니므로 25살입니다.(③)
B는 배우가 아니고(②), A도 배우가 아니므로(③) C가 배우입니다.

	20살	25살	30살
A	×	○	×
B	○	×	×
C	×	×	○

	배우	개그맨	가수
A	×	○	×
B	×	×	○
C	○	×	×

가수의 나이는 20살이므로(④), A는 가수가 아니고 C가 배우이므로 A는 개그맨입니다.
따라서 B가 가수이고 20살입니다.(④)

[답] A: 25살-개그맨, B: 20살-가수, C: 30살-배우

6. 보물상자 찾기

P.48

Free FACTO

[풀이] (i) A 상자에 쓰인 말이 참일 때

A 상자에 쓰인 말이 참이므로 A 상자에는 보물이 없습니다.
B 상자에 쓰인 말은 거짓이므로 B 상자에 보물이 있습니다.
C 상자에 쓰인 말은 거짓이므로 B 상자에는 보물이 없습니다.
따라서 B 상자에 대한 B, C의 말에 모순이 생깁니다.

(ii) B 상자에 쓰인 말이 참일 때

A 상자에 쓰인 말이 거짓이므로 A 상자에 보물이 있습니다.
B 상자에 쓰인 말이 참이므로 B 상자에는 보물이 없습니다.
C 상자에 쓰인 말이 거짓이므로 B 상자에는 보물이 없습니다.

따라서 A 상자에 보물이 있습니다.

[답] A 상자

[풀이]

① A 필통에 연필이 있다고 가정을 해 봅니다.
A, B의 글은 참이고, C는 참일 수도 거짓일 수도 있습니다. 하나의 말만 참이 되어야 하기 때문에 A 필통에는 연필이 들어 있지 않습니다.

② B 필통에 연필이 있다고 가정을 해 봅니다.
A, B의 글은 거짓이고 C는 참일 수도 거짓일 수도 있습니다.

③ C 필통에 연필이 있다고 가정해 봅니다.
A의 글은 거짓이고, B, C의 글은 참입니다. 하나의 말만 참이 되어야 하므로 C 필통에는 연필이 들어 있지 않습니다.

따라서 A, C 필통에는 연필이 들어 있지 않기 때문에 ②에서 C의 말은 참이 되고 B 필통에 연필이 들어 있게 됩니다.

[답] B 필통

[풀이] ① 해변에 있던 원주민이 여우 부족이라면 참말이므로 늑대 부족이 거짓말만 하는 부족이 됩니다.

② 해변에 있던 원주민이 늑대 부족이라면 거짓말이므로 늑대 부족이 거짓말만 하는 부족이 됩니다.

따라서 해변에 있던 원주민이 어느 부족인지에 관계없이 거짓말만 하는 부족은 늑대 부족입니다.

[답] 늑대 부족

Creative  P.50

[풀이] D를 넣는 방법의 수가 가장 적으므로 D를 먼저 생각합니다.
D를 먼저 넣으면 다음 3가지 경우가 있습니다.

①

D					D		

②

	D					D	

③

		D					D

위의 3가지 경우에 대하여 C를 넣어 보면

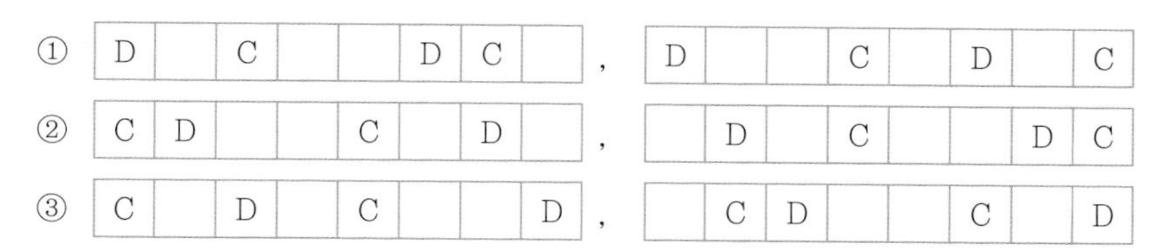

위 각각의 경우에 B를 2칸 뛰어서 넣고, A를 한 칸 뛰어서 넣을 수 있는지 찾아보면 2가지가 나옵니다.

D	A	C	A	B	D	C	B

,

B	C	D	B	A	C	A	D

[답] 풀이 참조

[풀이]

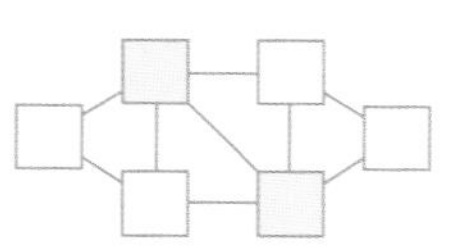

색칠된 두 칸은 연결된 칸이 4개이므로 연결되지 않은 칸이 1개밖에 없습니다. 따라서 이웃한 수가 2개 있는 2, 3, 4, 5는 들어갈 수 없습니다. 색칠된 칸에 1과 6을 쓰고 양쪽 끝 칸에 2와 5를 씁니다.

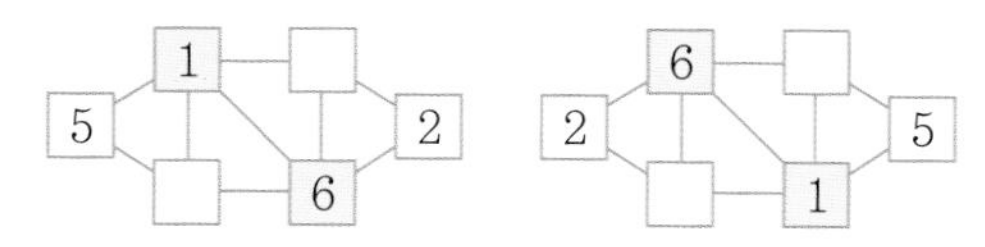

남은 칸에 3과 4를 채우면 됩니다.

[답]

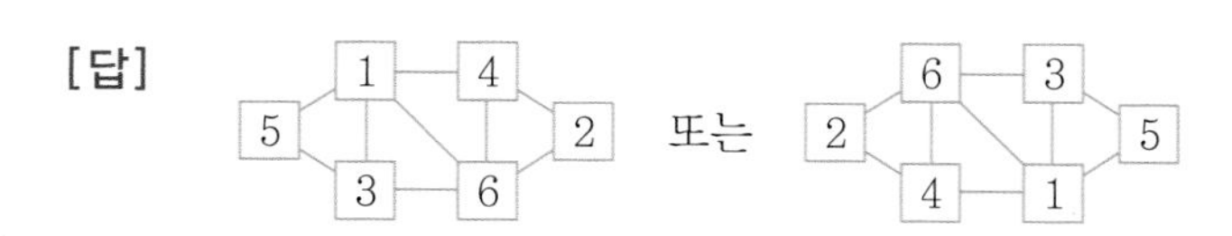

P.51

[풀이] ① D가 여자일 경우

D의 말이 참이므로 A는 남자입니다. B가 한 말 "D는 남자"는 사실이 아니므로 B는 남자입니다. 또한 C가 한 말 "B, D는 둘 다 남자"는 사실이 아니므로 C도 남자입니다. 그런데 남자는 두 명이어야 하므로 모순입니다.

② D가 남자일 경우

D의 말이 거짓이므로 A는 여자입니다. 여자인 A가 C와 D가 둘 다 남자라고 했으므로 C는 남자가 됩니다. C, D가 남자이므로 B는 여자가 되고, B가 한 말 "D는 남자입니다"라는 말은 참이므로 B는 여자입니다.

[답] A, B

[풀이] • 18세기의 귀족들은 모두 결투를 좋아했습니다.

• 18세기에 사치를 즐기던 사람들은 모두 귀족들이었습니다.

➡ 18세기에 사치를 즐기던 사람들은 모두 결투를 좋아했습니다.(④)

• 18세기의 귀족들은 모두 결투를 좋아했습니다.

• 18세기에 프랑스대혁명으로 목숨을 잃은 사람들은 대부분 귀족들이었습니다.

➡ 18세기에 프랑스대혁명으로 목숨을 잃은 사람들 중 대부분은 결투를 좋아했습니다.(①)

[답] ①, ④

P.52

[풀이] ① 거짓말쟁이가 0명일 경우

4명이 모두 참말을 하는데 모두 "너희들은 모두 거짓말쟁이야!"라고 하면 거짓말이므로 모순이 됩니다.

② 거짓말쟁이가 1명일 경우

3명이 참말을 합니다. 참말을 하는 3명이 서로 "너희들은 모두 거짓말쟁이야!"라고 했으므로 모순입니다.

③ 거짓말쟁이가 2명일 경우

2명이 참말을 합니다. 2명이 모두 "너희들은 모두 거짓말쟁이야!"라고 했으므로 참말을 하는 2명이 서로에게 거짓말쟁이라고 하는 것이므로 모순입니다.

④ 거짓말쟁이가 3명일 경우

1명이 참말을 합니다. 한 명이 "너희들은 모두 거짓말쟁이야!"라고 하므로 나머지 3명은 거짓말을 해야 합니다. 나머지 세 명이 "너희들은 모두 거짓말쟁이야!"라고 하면 그 중 참말쟁이도 포함되어 있으므로 세 명이 거짓말쟁이가 맞습니다.

⑤ 거짓말쟁이가 4명일 경우

4명 모두 거짓말을 하는데, 거짓말쟁이 모두 나머지 3명에게 "너희들은 모두 거짓말쟁이야!"라고 하면 참말이므로 모순입니다.

[답] 3명

[풀이] ① 현우는 토끼를 기르는 아이와 친합니다. → 현우: 토끼 ×
② 동현이는 털 있는 동물을 기르지 않습니다. → 동현: 토끼, 개, 고양이, 병아리 ×
③ 소영 또는 지윤: 개 ○, (현우, 동현, 유진: 개 ×)
④ 유진: 고양이 ×, 현우: 고양이 ×
⑤ 지윤: 고양이 ×

	토끼	금붕어	개	고양이	병아리
현우	×	×	×	×	○
동현	×	○	×	×	×
소영	×	×	×	○	×
지윤	×	×	○	×	×
유진	○	×	×	×	×

[답] 현우: 병아리, 동현: 금붕어, 소영: 고양이, 지윤: 개, 유진: 토끼

[풀이] (1) A 상자에서 동전 1개를 꺼냈을 때
① 금화일 경우: A 상자에는 금화 1개와 은화 1개, B 상자에는 금화 2개, C 상자에는 은화 2개가 들어 있습니다.
② 은화일 경우: A 상자에는 은화가 2개 있을 수 있고, 금화 1개와 은화 1개가 있을 수도 있습니다.
따라서 ②의 경우 세 상자에서 무엇이 들어 있는지 정확히 알 수 없기 때문에 A 상자에서 1개만 꺼낸 경우 반드시 모두 알 수 없습니다.
(2) (1)과 마찬가지로 반드시 알 수 없습니다.
(3) 쓰여진 글과 동전이 모두 일치하지 않으므로 C 상자에서 동전 1개를 꺼냈을 때
① 금화일 경우: C 상자에 금화 2개, A 상자에 은화 2개, B 상자에 금화 1개와 은화 1개가 들어 있습니다.
② 은화일 경우: C 상자에 은화 2개, A 상자에 금화 1개와 은화 1개, B 상자에 금화 2개가 들어 있습니다.

[답] (1) 알 수 없음 (2) 알 수 없음
(3) 알수 있음
금화일 경우 – A 상자: 은화 2개, B 상자: 금화 1개와 은화 1개, C 상자: 금화 2개
은화일 경우 – A 상자: 금화 1개와 은화 1개, B 상자: 금화 2개, C 상자: 은화 2개

Thinking 팩토 P.54

[풀이] 오른쪽 그림과 같이 선이 만나는 점에 ●과 ○를 번갈아 표시합니다. ●에서 한 칸 움직이면 ○이 되고 ○에서 한 칸 움직이면 ●이 되므로 ●인 A 점에서 출발하여 홀수 번 움직이면 ○이 되어야 합니다. 따라서 홀수 번 움직여서 다시 A 점으로 돌아올 수 없습니다. 한 칸은 10㎝이므로 690㎝를 가면 홀수 번이 되므로 영주의 말이 틀리고, 철희의 말이 맞습니다.

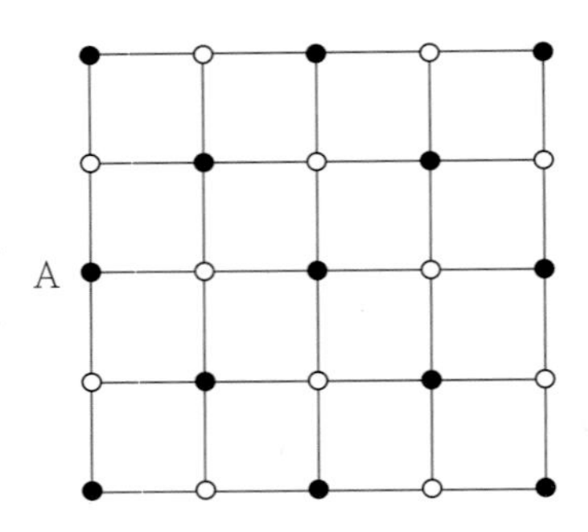

[답] 철희, 이유: 풀이 참조

[풀이] 금화를 2개씩 3묶음으로 나누어 먼저 두 묶음의 무게를 비교합니다. 6개의 금화를 ①, ②, ③, ④, ⑤, ⑥이라 하면

(i) ①②=③④일 때 ⑤, ⑥의 무게를 비교하여 가벼운 쪽이 가짜입니다.

(ii) ①②<③④일 때, ①, ②의 무게를 비교하여 가벼운 쪽이 가짜입니다.

(iii) ①②>③④일 때, ③, ④의 무게를 비교하여 가벼운 쪽이 가짜입니다.

따라서 적어도 2번만 양팔저울을 사용하면 가짜 금화를 반드시 찾을 수 있습니다.

[답] 2번

P.55

[풀이] 오른쪽과 같이 표를 만들어 A, B, C가 할 수 있는 말에 ○ 표를 합니다. A는 영어를 할 수 있고, B는 독일어를 할 수 있으므로 먼저 표시합니다.

	영어	중국어	독일어
A	○		
B			○
C			

독일어와 중국어를 둘 다 할 수 있는 사람은 없고, B는 두 언어를 할 수 있으므로 B는 영어를 할 수 있습니다. A와 C는 대화를 할 수 없고, B와 C는 대화를 할 수 있으므로 C는 독일어를 할 수 있습니다.

	영어	중국어	독일어
A	○		
B	○		○
C			○

A는 두 언어를 할 수 있고, C와는 대화할 수 없으므로 중국어를 할 수 있습니다.

	영어	중국어	독일어
A	○	○	
B	○		○
C			○

[답] A: 영어, 중국어, B: 영어, 독일어, C: 독일어

[풀이] 소수는 약수가 1과 자기 자신밖에 없는 수이므로 2보다 큰 소수는 모두 홀수입니다. (홀수)+(홀수)=(짝수)이므로 2보다 큰 소수 2개를 더하여 홀수인 999가 될 수는 없습니다. 따라서 두 소수 중에 하나는 반드시 2가 되어야 하므로 다른 하나는 999−2=997입니다.

[답] 997

P.56

[풀이] 출발한 곳으로 도착해야 하므로 모든 지점이 짝수점이 되어야 합니다. B, C, D, I, H, G가 홀수점이므로 짝수점이 되도록 선을 그어 짧은 경로를 2번 지나갈 수 있도록 연결합니다.

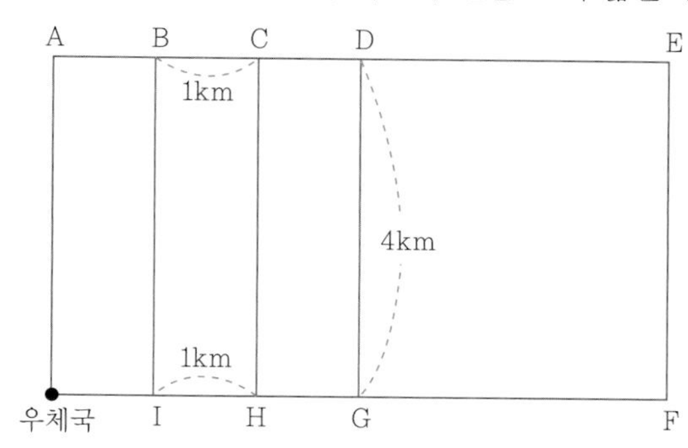

모든 거리를 지나 다시 돌아오는 가장 짧은 길은 1km, 1km, 4km만 추가해 주면 됩니다.

$1\times6+3\times2+4\times5=32$

$1+1+4=6$

$\rightarrow 32+6=38$(km)

[풀이]

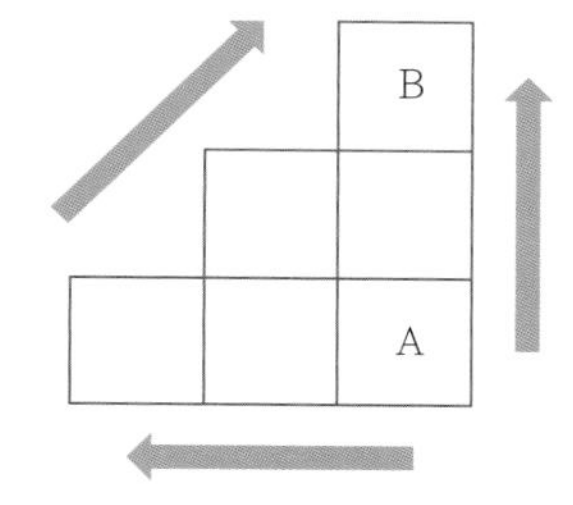

A에는 가장 작은 수인 1이 들어가고, B에는 가장 큰 수인 6이 들어가야 합니다. 나머지 수를 규칙에 따라 빈칸에 채웁니다.

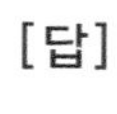

[답]

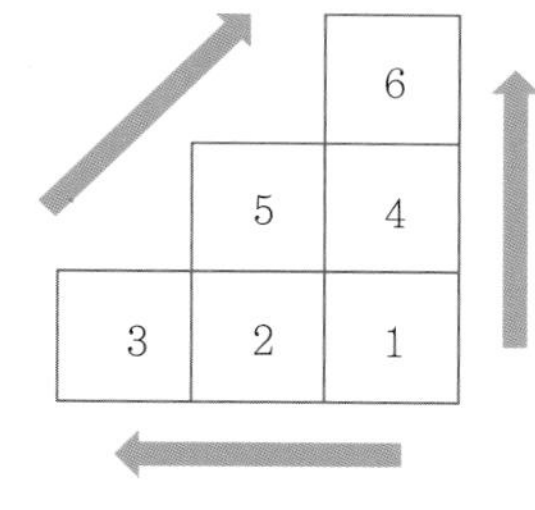

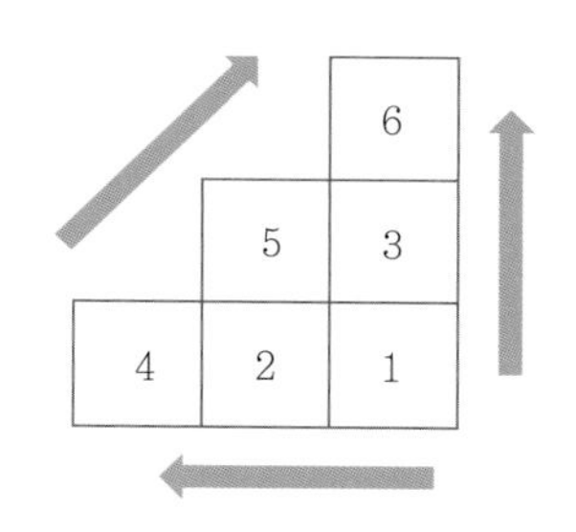

P.57

[풀이] (1) 빨간 모자가 3개, 파란 모자가 2개이므로 A와 B 모두 파란 모자이면 C는 빨간 모자임을 알 수 있습니다.

(2) (A, B)=(빨간 모자, 파란 모자), (빨간 모자, 빨간 모자), (파란 모자, 빨간 모자)

(3) A의 모자가 빨간색인 경우 B의 모자는 빨간색인지 파란색인지 알 수 없습니다.

(4) C와 B 모두 앞에 있는 학생의 모자 색깔만 보고 자기가 쓴 모자의 색을 알지 못했으므로 A는 빨간 모자를 쓰고 있습니다.

[답] (1) 빨간 모자 (2) (빨간 모자, 파란 모자), (빨간 모자, 빨간 모자), (파란 모자, 빨간 모자)
(3) 풀이 참조 (4) 빨간색

Ⅷ 공간감각

1. 조감도 P.60

Free FACTO

[풀이]

㉡에서 본 모양

[답] 풀이 참조

예제 01

[풀이]

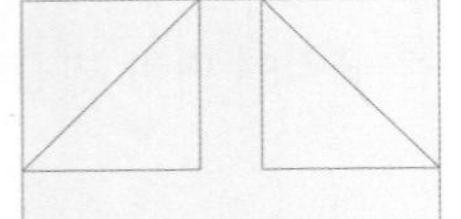

㉠에서 본 모양

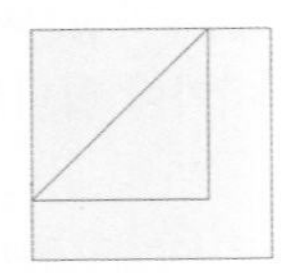

㉡에서 본 모양

[답] 풀이 참조

예제 02

[풀이]

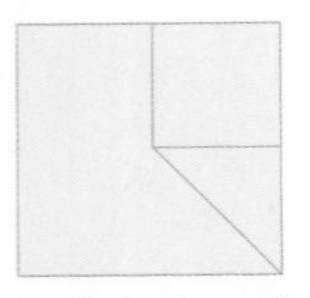

㉠에서 본 모양

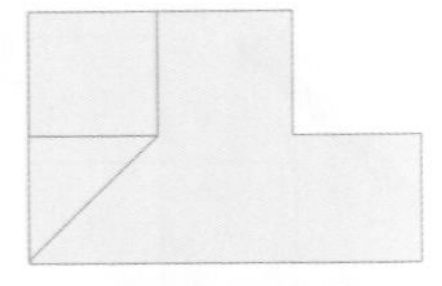

㉡에서 본 모양

[답] 풀이 참조

2. 블록의 개수 P.62

Free FACTO

[풀이] 보이는 블록은 모두 11개입니다. 색칠된 2개의 블록 아래에는 받치고 있는 블록이 2개 있어야 합니다.
따라서 블록은 모두 13개입니다.
[답] 13개

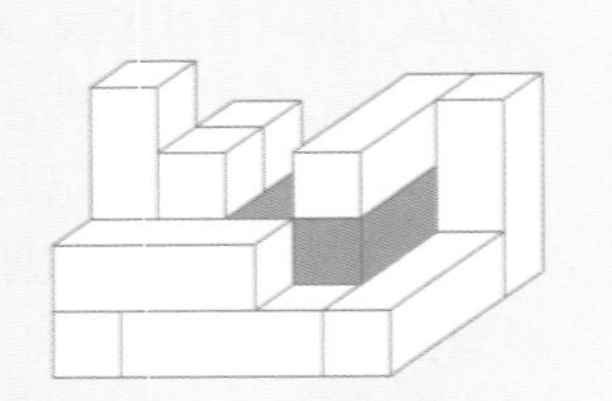

[풀이] 보이는 블록은 모두 8개입니다. 색칠된 2개의 블록 아래에는 받치고 있는 블록 2개가 있어야 합니다. 따라서 블록은 모두 10개입니다.

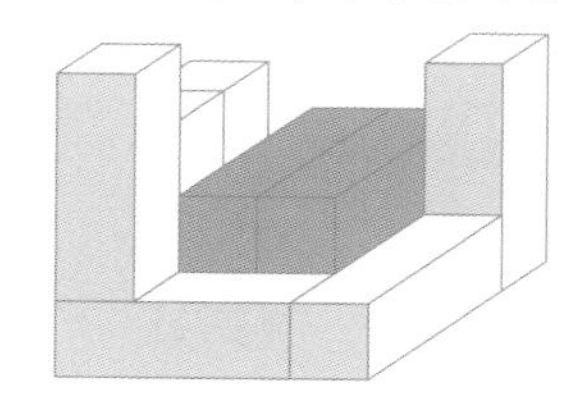

[답] 10개

[풀이] 쌓여 있는 블록은 모두 보입니다. 따라서 18개입니다.
[답] 18개

3. 여러 입체도형의 단면 P.64

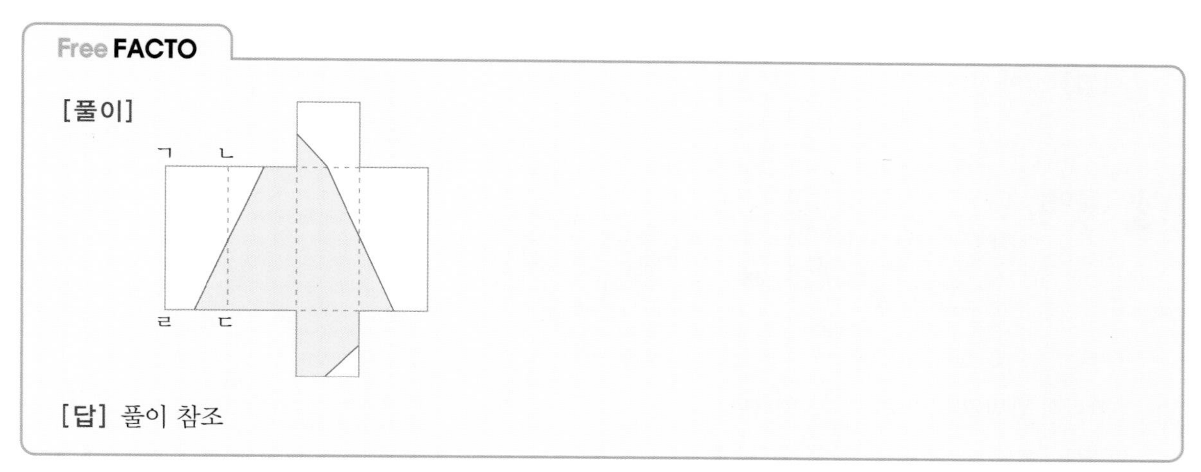

[풀이]

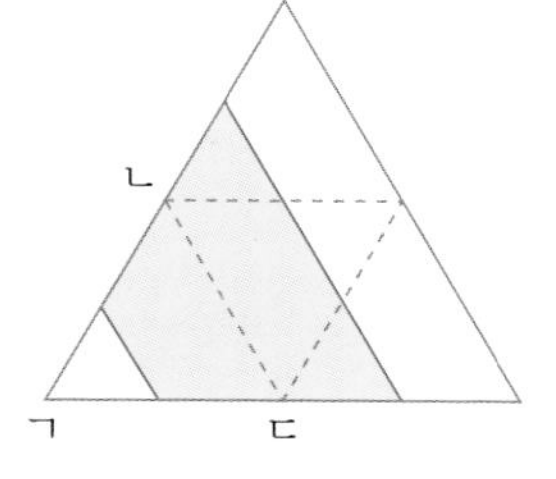

[답] 풀이 참조

[풀이]

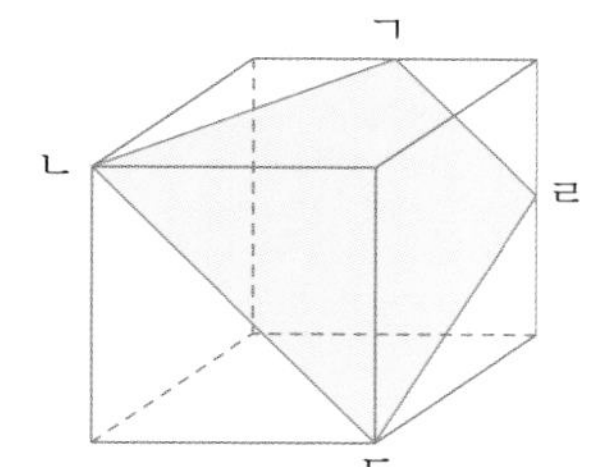

선분 ㄱㄹ과 선분 ㄴㄷ은 평행하고, 각 ㄱㄴㄷ, 각 ㄴㄷㄹ은 예각, 각 ㄹㄱㄴ과 각 ㄷㄹㄱ은 둔각입니다.
따라서 잘랐을 때 나오는 단면 모양은 ④입니다.

[답] ④

P.66

[풀이] 굵은 선으로 표시한 것이 블록 1개를 나타냅니다. 보이지 않는 부분에는 보라색 블록이 들어갈 공간이 없으므로 보라색 블록은 4개 사용되었습니다.

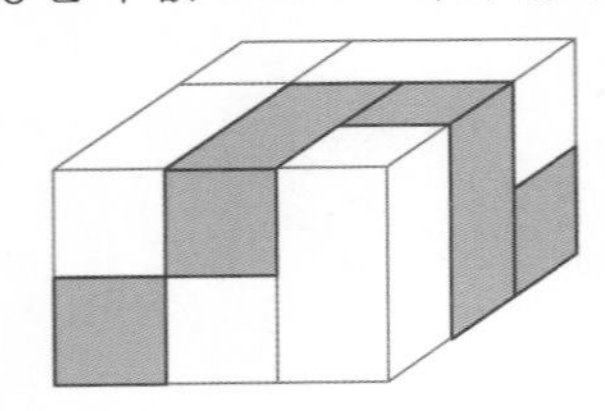

[답] 4개

[풀이]

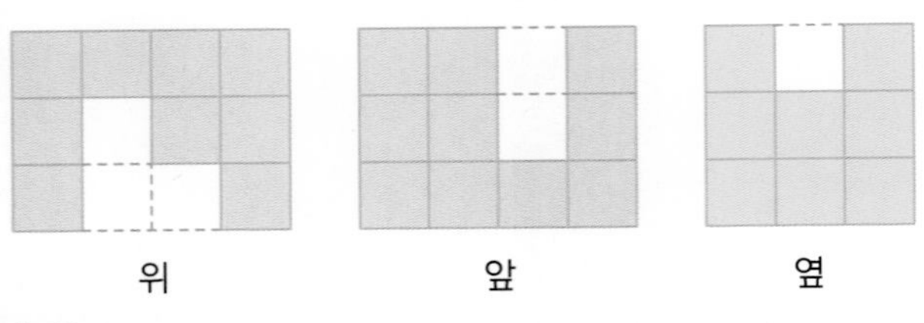

위 앞 옆

[답] 풀이 참조

P.67

[풀이]

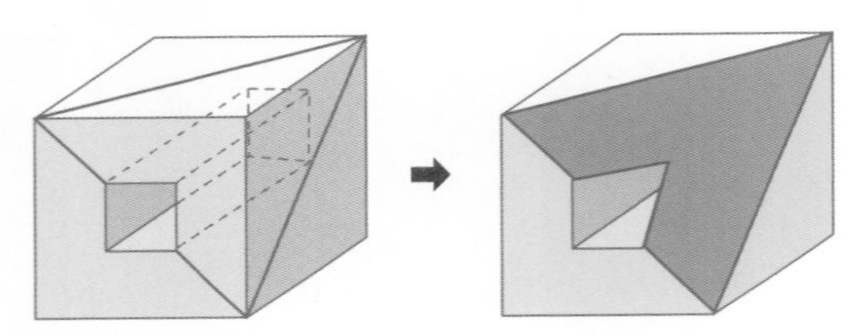

따라서 단면의 모양은  입니다.

[답]

[풀이] 위에 놓여 있는 3개의 블록을 들어내면 아래에 있는 블록은 다음의 오른쪽 그림과 같이 쌓여 있습니다.

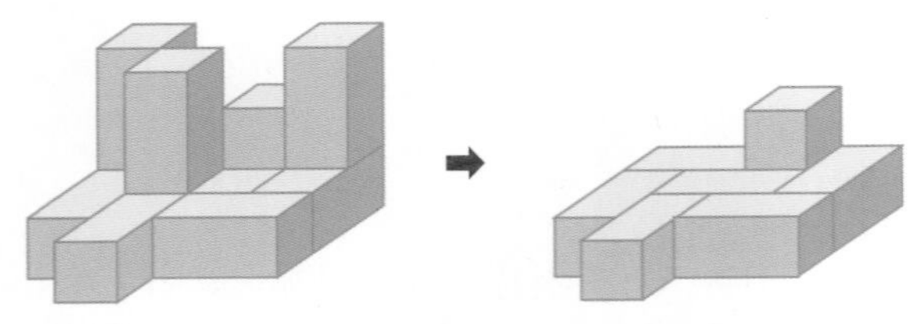

따라서 남은 7개와 들어낸 3개를 합하여 모두 10개입니다.

[답] 10개

P.68

5 [풀이] 앞과 오른쪽에서 본 모양에 따라 조감도를 그리면 다음과 같습니다.

따라서 위에서 본 모양은 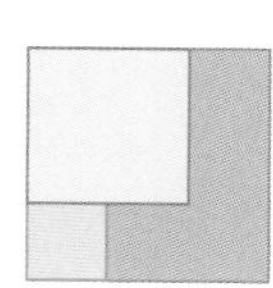 입니다.

[답] 

6 [풀이] 1층에 5개, 2층에 4개, 3층에 3개, 4층에 3개, 5층에 1개가 보입니다.

[답]

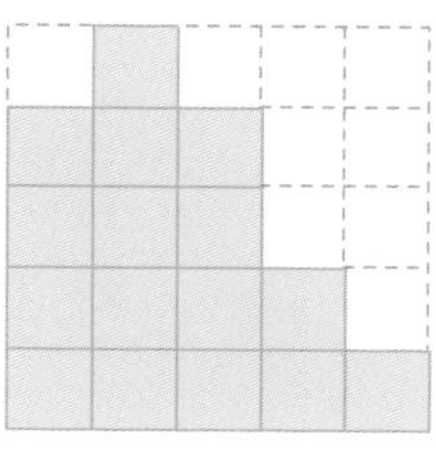

㉠에서 본 모양

P.69

7 [풀이] [그림 1]의 단면은 정삼각형이고, [그림 2]의 단면은 정육각형입니다. 두 단면의 각 변의 길이는 같고 [그림 2]의 정육각형은 [그림 1]의 정삼각형 6개로 나누어지므로 넓이가 6배입니다.

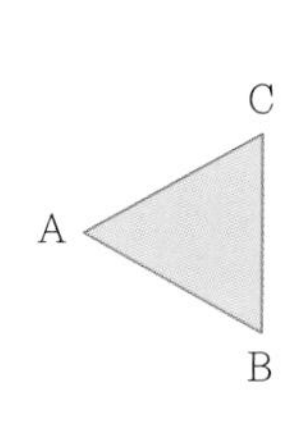

[그림 1]

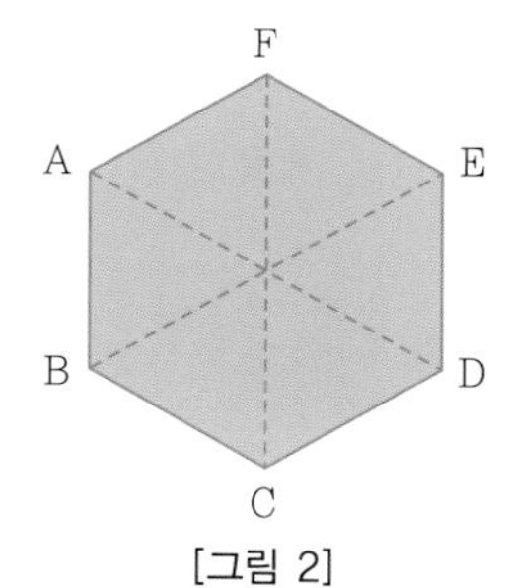

[그림 2]

[답] 6배

4. 쌓기나무의 개수 P.70

Free FACTO

[풀이] 위에서 본 모양 아래에 앞에서 본 모양의 개수를 쓰고, 오른쪽 옆에는 오른쪽 옆에서 본 모양의 개수를 씁니다. 쌓기나무가 1개인 칸을 채웁니다.

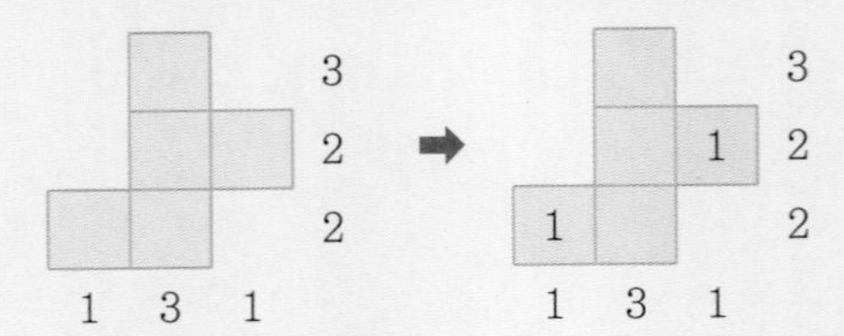

옆에서 보았을 때 3은 한 칸밖에 없으므로 3을 채웁니다.

	3		3
		1	2
1			2
1	3	1	

옆에서 보았을 때 2인 칸을 모두 채웁니다.

	3		3
	2	1	2
1	2		2
1	3	1	

따라서 쌓기나무는 모두 3+2+2+1+1=9(개)입니다.

[답] 9개

[풀이] 위에서 본 모양 아래에 앞에서 본 모양의 개수를 쓰고, 오른쪽 옆에는 오른쪽 옆에서 본 모양의 개수를 씁니다. 쌓기나무가 1개인 칸을 채웁니다.

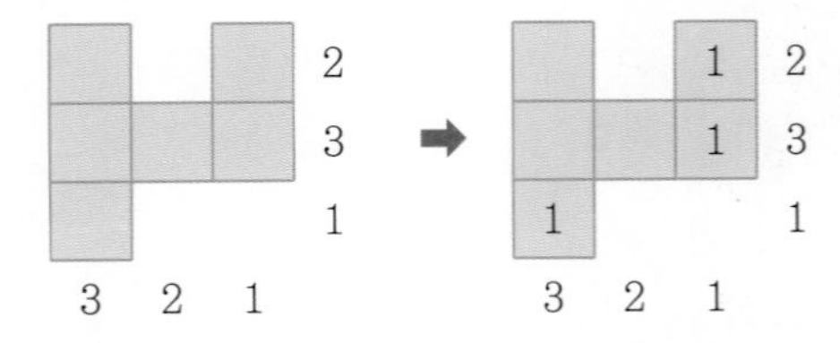

가로, 세로 줄에서 가장 큰 수가 들어갈 수 있는 칸을 채웁니다.

2		1	2
3	2	1	3
1			1
3	2	1	

따라서 쌓기나무는 모두 3+2+2+1+1+1=10(개)입니다.

[답] 10개

[풀이] 위에서 본 모양에 앞, 옆에서 본 모양의 개수를 쓰고, 1이 들어가야 하는 칸을 채웁니다.

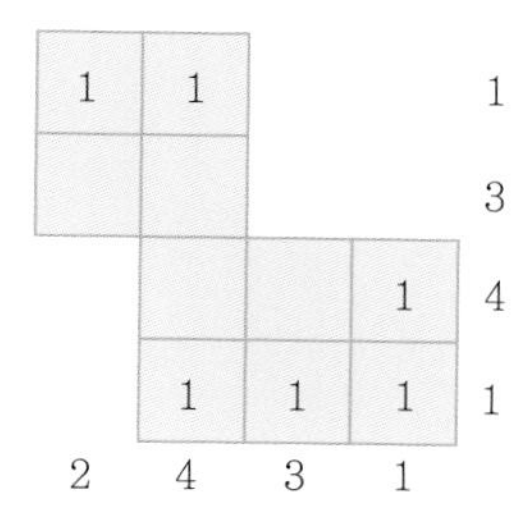

가로줄, 세로줄에서 가장 큰 수가 들어갈 수 있는 칸을 채웁니다.

1	1			1
2	3			3
	4	3	1	4
	1	1	1	1
2	4	3	1	

따라서 쌓기나무는 모두 $4+3+3+2+1+1+1+1+1+1=18$(개)입니다.
[답] 18개

5. 쌓기나무를 쌓은 개수의 최대, 최소 P.72

Free FACTO

[풀이] 위에서 본 모양에 앞, 오른쪽 옆에서 본 모양의 개수를 쓰고, 구할 수 있는 칸을 채웁니다.

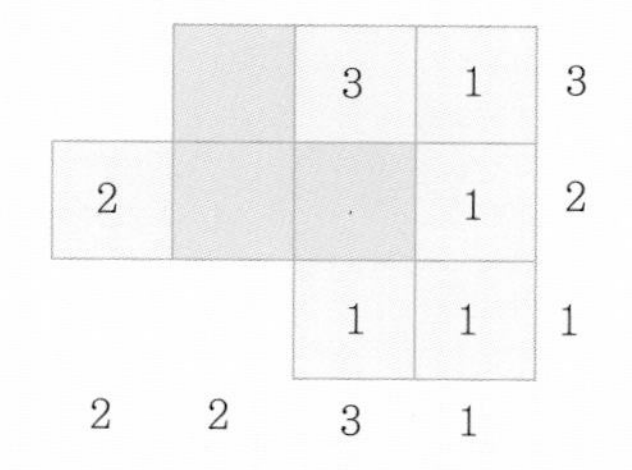

나머지 칸에 모두 2개씩 쌓을 때 쌓기나무의 개수는 최대가 됩니다.
따라서 가장 많이 사용한 경우의 쌓기나무는 $3+2+2+2+2+1+1+1+1=15$(개)입니다.
[답] 15개

예제 01

[풀이] 위에서 본 모양에 앞, 오른쪽 옆에서 본 모양의 개수를 쓰고, 구할 수 있는 칸을 채웁니다.
나머지 칸에 모두 2개씩 쌓을 때 쌓기나무의 개수는 최대가 됩니다.
따라서 가장 많이 사용한 경우의 쌓기나무는
3+2+2+2+1+1+1+1=13(개)입니다.
[답] 13개

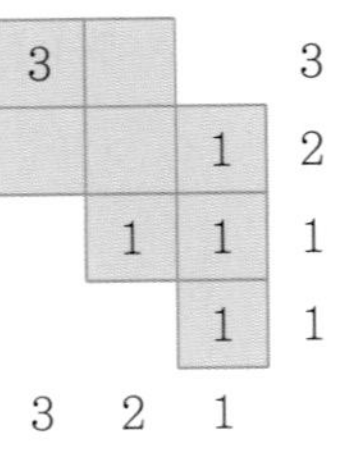

[풀이] 위에서 본 모양에 앞, 오른쪽 옆에서 본 모양의 개수를 쓰고, 구할 수 있는 칸을 채웁니다.
나머지 칸에 1개를 쌓을 때 쌓기나무의 개수는 최소가 됩니다.
따라서 쌓기나무는 최소 4+3+2+1+1=11(개) 필요합니다.
[답] 11개

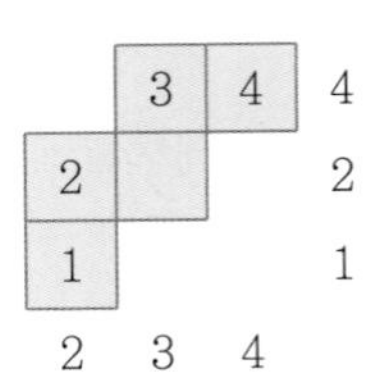

6. 쌓기나무를 쌓는 방법의 가짓수 P.74

Free FACTO

[풀이] 위에서 본 모양에 앞, 오른쪽 옆에서 본 모양의 개수를 쓰고, 쌓기나무의 개수가 정해진 칸을 채웁니다.

3	㉠	1	3
㉡	㉢	1	2
1			1
3	2	1	

남은 3칸을 ㉠, ㉡, ㉢이라고 하면 ㉠, ㉡, ㉢은 모두 2가 될 수 있습니다.

	2
2	2

또, ㉢이 2일 때 ㉠, ㉡은 1이 될 수 있습니다.

	1
1	2

따라서 ㉠ ,㉡, ㉢에는 최대 6개, 최소 4개가 들어갈 수 있습니다.
5개가 들어가는 방법은 다음의 3가지입니다.

	2			2			1
2	1		1	2		2	2

따라서 모두 5가지 방법이 있습니다.
[답] 5가지

[풀이] 위에서 본 모양에 앞, 오른쪽 옆에서 본 모양의 개수를 쓰고, 쌓기나무의 개수가 정해진 칸을 채웁니다.

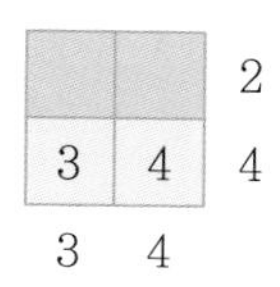

남은 두 칸에는 2가 적어도 1개는 있어야 하므로 다음의 3가지 방법으로 채울 수 있습니다.

2	2

2	1

1	2

[답] 3가지

Creative 팩토

P.76

[풀이]

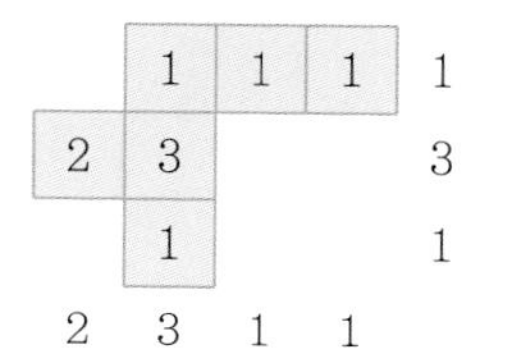

쌓기나무는 모두 $3+2+1+1+1+1=9$(개)입니다.

[답] 9개

[풀이] 위에서 본 모양에 보이지 않는 쌓기나무의 개수를 적으면 다음과 같습니다.

3	3	2	0
3	2	1	0
3	2	0	0
0	0		

따라서 모두 19개입니다.

[답] 19개

P.77

[풀이] 위에서 본 모양에 앞, 옆에서 본 모양의 개수를 써넣고, 개수가 정해진 칸을 채웁니다.

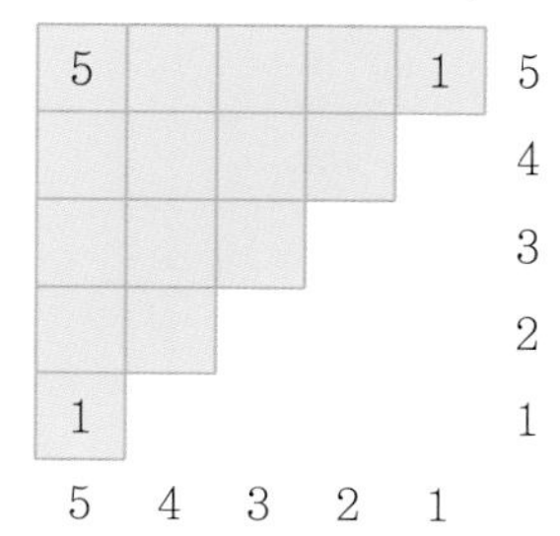

빈칸에 가로줄, 세로줄에 쓰인 수를 넘지 않도록 가장 큰 수를 채우면 다음과 같습니다.

5	4	3	2	1
4	4	3	2	
3	3	3		
2	2			
1				

따라서 모두 더하면 42개입니다.

[답] 42개

[풀이]

	1	1	1
2	3		3
	1		1
2	3	1	

최소의 쌓기나무를 더 쌓아서 정육면체가 되게 하려면

모두 $3\times3\times3=27$(개)가 있어야 합니다.

현재 쌓기나무는 8개가 쌓여 있으므로 더 필요한 쌓기나무는 $27-8=19$(개)입니다.

[답] 19개

[풀이] 위에서 본 모양에 앞, 오른쪽 옆에서 본 모양의 개수를 써넣고, 개수가 정해진 칸을 채웁니다.

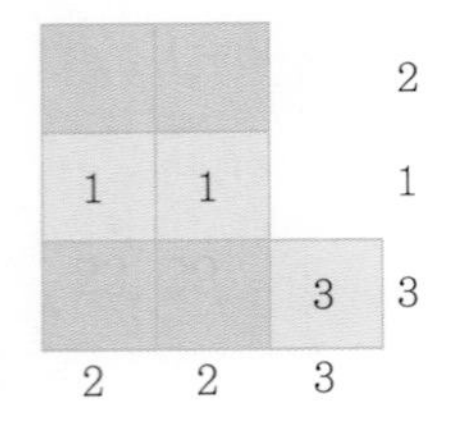

남은 4칸은 세로줄에는 각각 적어도 1개의 2가 있어야 하고, 위의 가로줄에는 적어도 2가 1개 있어야 하므로 다음의 8가지 방법으로 채울 수 있습니다.

2	2	
1	1	
2	2	3

2	2	
1	1	
2	1	3

2	2	
1	1	
1	2	3

2	2	
1	1	
1	1	3

2	1	
1	1	
2	2	3

1	2	
1	1	
2	2	3

2	1	
1	1	
1	2	3

1	2	
1	1	
2	1	3

[답] 8가지

[풀이] 위에서 본 모양에 앞, 오른쪽 옆에서 본 모양의 개수를 써넣고, 개수가 정해진 칸을 채웁니다.

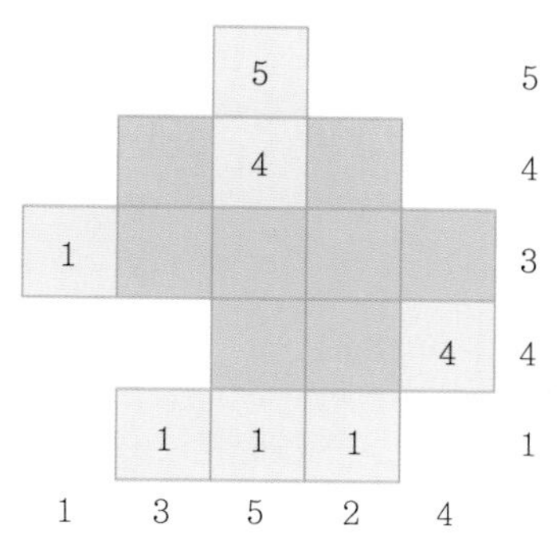

빈칸에 쌓기나무의 개수가 최대가 되도록 채우려면 가로줄, 세로줄에 있는 수 중 작은 수로 모두 채우면 됩니다.

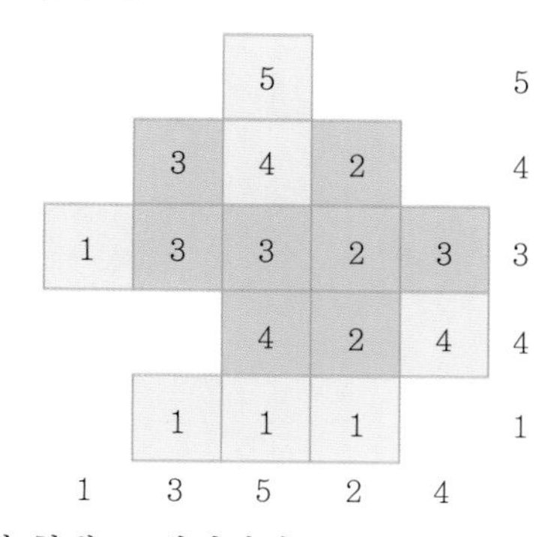

따라서 최대 39개입니다.

빈칸에 쌓기나무의 개수가 최소가 되도록 채우려면 앞, 옆에서 3이 만나는 칸에 3을 채우고, 넷째 번 세로 줄에는 2가 1개는 있어야 하고, 나머지를 모두 1로 채우면 됩니다.

		5		
	1	4	1	
1	3	1	1	1
		1	2	4
	1	1	1	

따라서 최소 28개입니다.

쌓기나무를 최소로 사용할 경우와 최대로 사용할 경우의 쌓기나무의 개수의 차는 $39-28=11$(개)입니다.

[답] 11개

P.79

[풀이] (1) 위에서 본 모양에 앞에서 본 모양의 개수를 써넣고, 개수가 정해진 칸을 채웁니다.

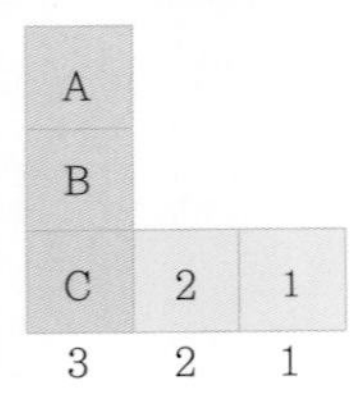

최대일 때는 A, B, C 3칸이 모두 3일 때이므로 3+3+3+2+1=12(개)입니다. 이때, 옆에서 본 모양은 오른쪽과 같습니다.

(2) 최소일 때는 색칠된 3칸 중 1칸만 3개이고, 나머지는 1일 때이므로 3+1+1+2+1=8(개)입니다. 또, 가능한 모양은 A, B, C 중 1개만 3이고, 나머지가 모두 1인 경우로 서로 다른 3가지가 가능합니다.

[답] (1) 12개, 풀이 참조　　(2) 8개, 3가지

Thinking 팩토

P.80

[풀이]

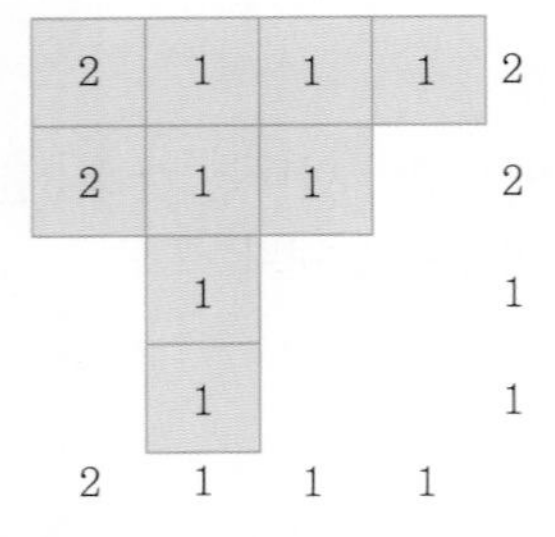

따라서 모두 11개입니다.

[답] 11개

[풀이] 위에서 본 모양은 ①, ③, ④, ⑥이 맞습니다.
앞에서 본 모양은 ①, ③, ④가 맞습니다.
오른쪽 옆에서 본 모양은 ①, ③, ⑤, ⑥이 맞습니다.
따라서 쌓은 모양으로 맞는 것은 ①, ③입니다.

[답] ①, ③

P.81

[풀이] 쌓기나무를 쌓아 만든 모양을 위, 앞, 옆에서 본 모양은 다음과 같습니다.

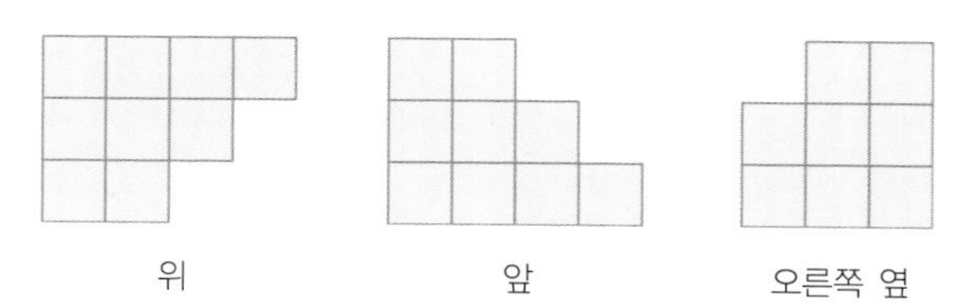

쌓기나무를 가장 적게 사용하여 이 모양을 만들 때의 개수를 찾습니다.

3	1	1	1	3
1	3	2		3
1	2			2
3	3	2	1	

최소로 사용할 때 15개이고 원래의 쌓기나무는 21개이므로 최대 6개를 빼서 위와 같은 모양을 만들면 됩니다. 다른 모양도 가능하며, 이때의 개수는 15개로 같습니다.

[답] 6개

[풀이] ㉮가 쌓인 개수를 찾아보면 흐리게 색칠된 쌓기나무가 절반이 보이지 않으므로 ㉮는 6개 있습니다.

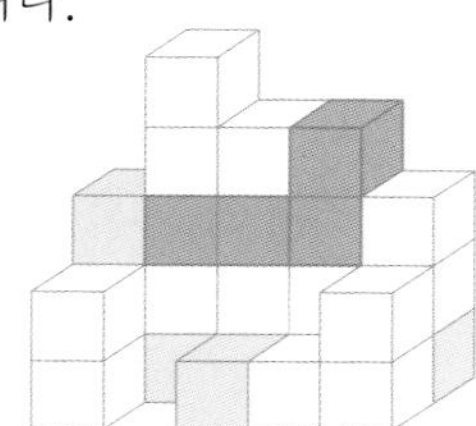

[답] 6개

P.82

[풀이] 위에서 본 모양에 앞에서 본 모양의 개수를 써넣고, 1을 채웁니다.

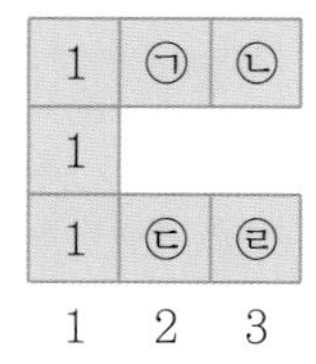

㉠과 ㉢ 중에서 적어도 하나는 2, ㉡과 ㉣ 중에서 적어도 하나는 3이 되어야 합니다.
따라서 (㉠, ㉢)=(1, 2), (2, 1), (2, 2)가 될 수 있고 (㉡, ㉣)=(1, 3), (2, 3), (3, 3), (3, 1), (3, 2)가 될 수 있습니다.
그런데 옆에서 보면 각 줄에서 가장 높게 쌓인 쌓기나무가 보이므로 5가지입니다.

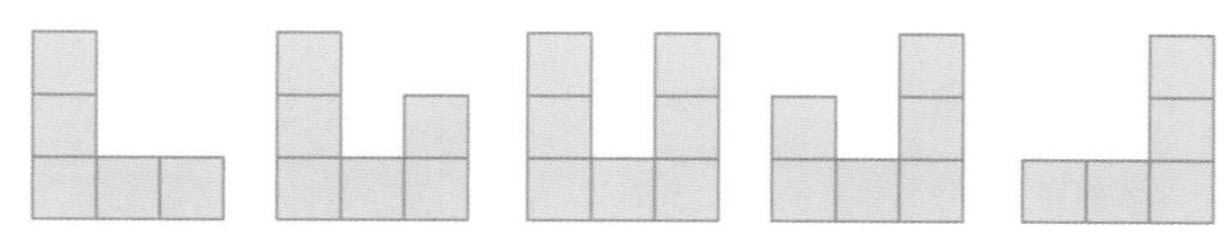

[답] 5가지

[풀이]

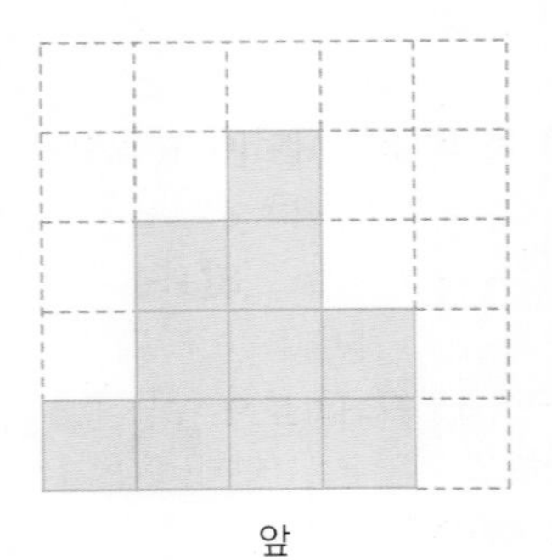

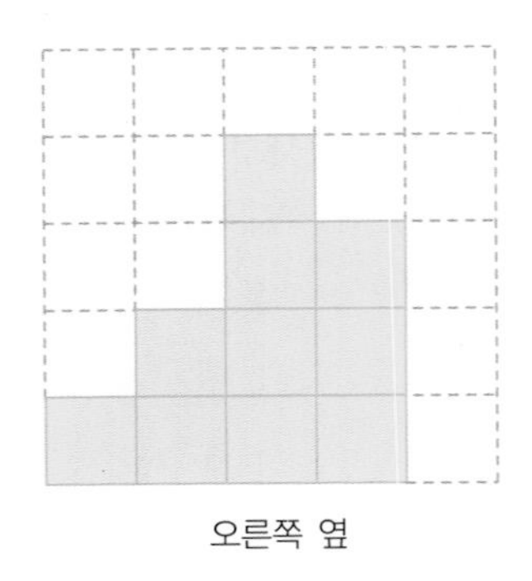

앞　　　　　　　　　　오른쪽 옆

[답] 풀이 참조

P.83

[풀이] (1) 잘랐을 때의 모양을 그려 보면 다음과 같습니다. 따라서 4개가 잘립니다.

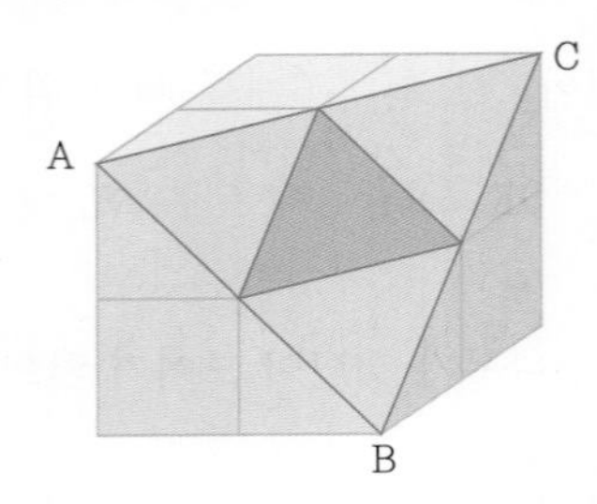

(2) 정육면체 64개로 쌓은 모양을 8개씩으로 나누면 (1)에서와 같이 정육면체 8개로 만들어진 큰 정육면체 4개가 잘립니다. 큰 정육면체 1개는 작은 정육면체 8개로 만들어져 있고, 작은 정육면체는 4개씩 잘리므로 모두 $4 \times 4 = 16$(개)의 작은 정육면체가 잘립니다.

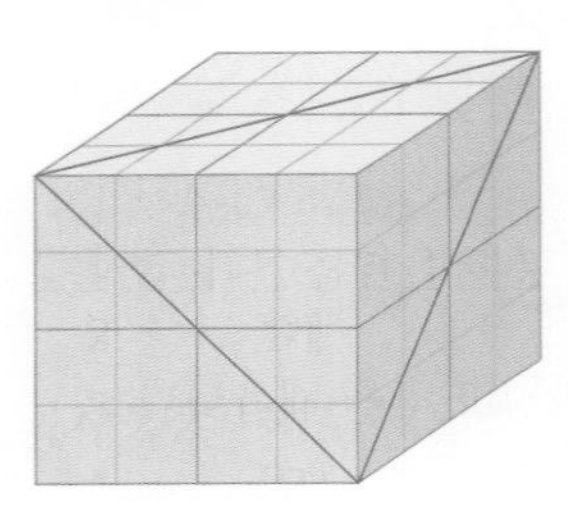

[답] (1) 4개　　　(2) 16개

IX 카운팅

1. 색칠하기 P.86

Free FACTO

[풀이] 색깔의 종류를 1, 2, 3, 4, …와 같이 생각해서 1부터 순서대로 씁니다. 붙어 있는 칸은 다른 수를 쓰고 새로운 수가 필요하지 않으면 쓰지 않습니다.
[답] 4가지

[풀이] 색의 종류를 1, 2, 3, 4, … 와 같이 생각해서 1부터 씁니다. 가능하면 새로운 수를 쓰지 않도록 하고 붙어 있는 칸은 다른 수를 씁니다.
[답] 4가지

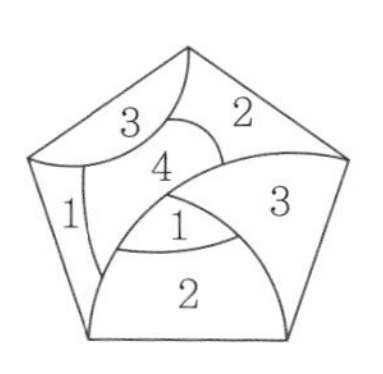

[풀이] (1)

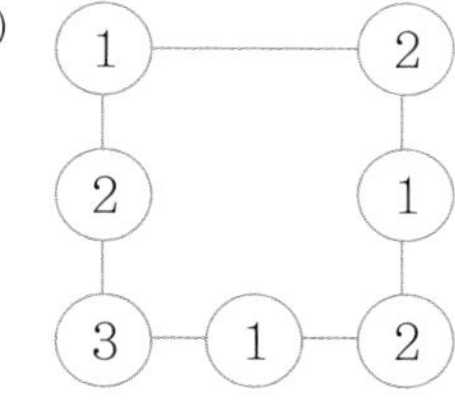

(2)

[답] (1) 3가지 (2) 2가지

2. 입체도형에서의 최단 거리 P.88

Free FACTO

[풀이]

[답] 6가지

[풀이]

2 6 도착
2 3 12
1
1 2 3
출발 1 1

[답] 12가지

[풀이]

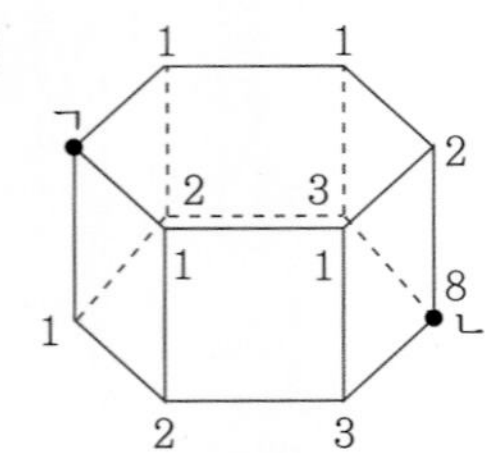

[답] 8가지

3. 승패와 점수 P.90

Free FACTO

[풀이] A 팀(7점): 2승 1무, B 팀: 1승 1무 1패, C 팀: 2승 1패이므로 모두 5승 2무 2패입니다.
A, B, C, D 네 팀이 리그전으로 경기했으므로 총 경기 수는 $\frac{4\times3}{2}$ =6(경기)입니다. 6경기를 하면 네 팀의 승, 패, 무를 모두 더하여 12가 되어야 합니다.
각 경기마다 1승을 하는 팀이 있으면 1패를 하는 팀이 있으므로 전체에서 승, 패의 수가 같아야 합니다.
또한, 무승부는 1경기에서 양팀에게 모두 인정되므로 2무가 되어 총 5승 5패 2무입니다. 결국 3패가 모자라므로 D 팀은 0승 3패가 됩니다.
[답] 0점

[풀이] 4팀이 리그전으로 경기했으므로 네 팀의 승, 무, 패를 합하여 12가 되어야 합니다.

청룡: 1승 2무
백호: 2승 1패
주작: 1승 1무 1패

총 : 4승 3무 2패

무승부인 경기는 양팀에 1무씩 올라가므로 1번 경기에 2무씩 발생합니다.
지금까지 3무이므로 현무 팀이 1무를 해야 하고, 네 팀의 승수와 패수가 같아야 하므로 2패도 현무 팀이 해야 합니다. 따라서 현무 팀은 1무 2패입니다.
[답] 1무 2패

Creative 팩토

P.92

[풀이] (i) 3칸을 이어 색칠하는 경우 → 1가지
(ii) 2칸을 이어 색칠하는 경우 → 1가지
(iii) 1칸씩 띄어 색칠하는 경우 → 1가지
[답] 3가지

[풀이] 보이지 않는 모서리 중 지날 수 있는 모서리를 모두 그려서 각 점까지의 최단 경로의 가짓수를 적어 구합니다.
[답] 10가지

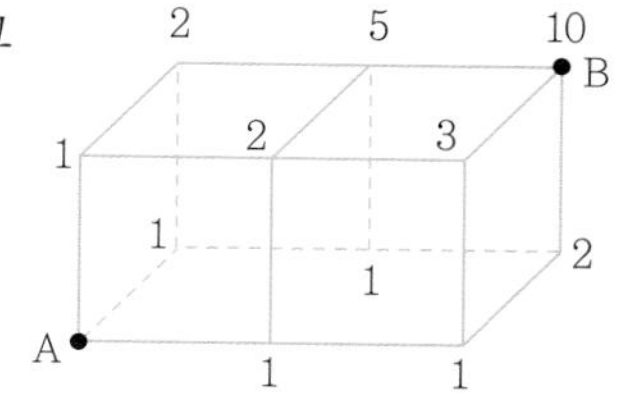

P.93

[풀이] (1) → 1가지

(2) ①

→ 3가지

②

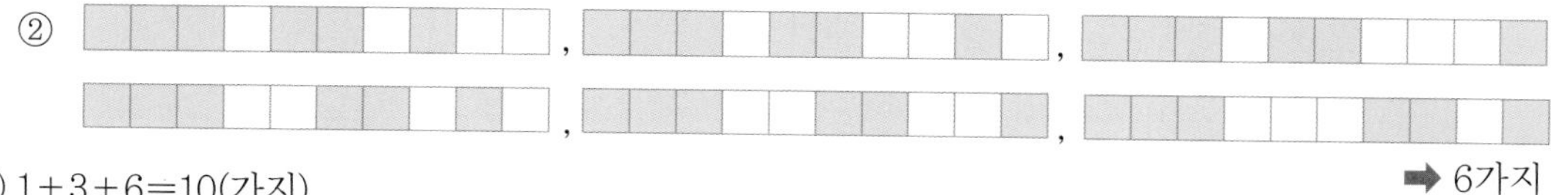

→ 6가지

(3) 1+3+6=10(가지)

[답] (1) 1가지 (2) 3가지, 6가지 (3) 10가지

P.94

[풀이] (1) 뒤로 돌아 옆면 2개를 지나 B로 가는 것이 최단 경로입니다.

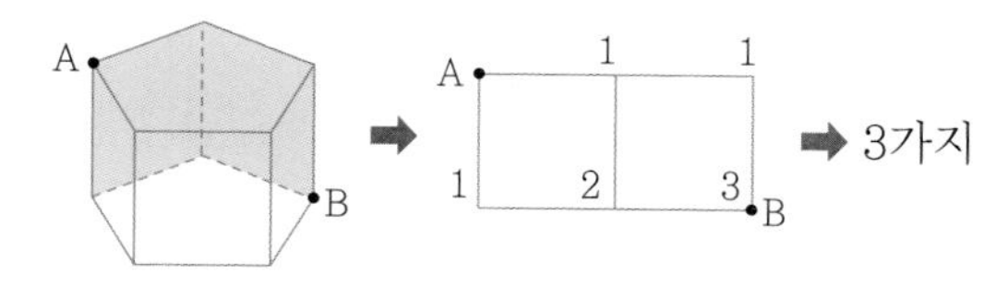

(2) 앞으로 돌아 2개의 옆면을 지나고, 다시 뒤로 돌아 2개의 옆면을 지나 B로 가는 것이 최단 거리입니다.

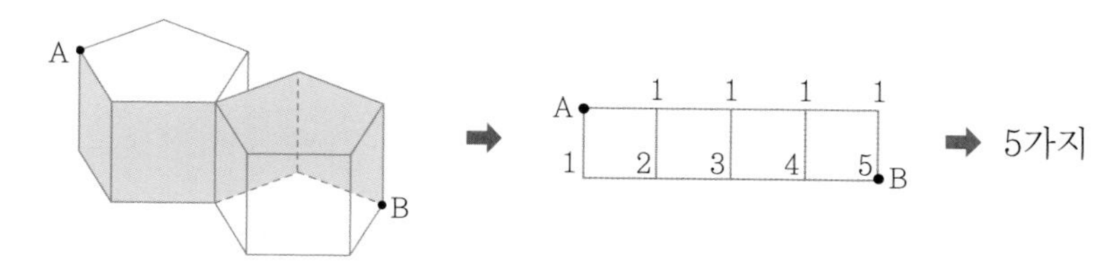

→ 5가지

(3)

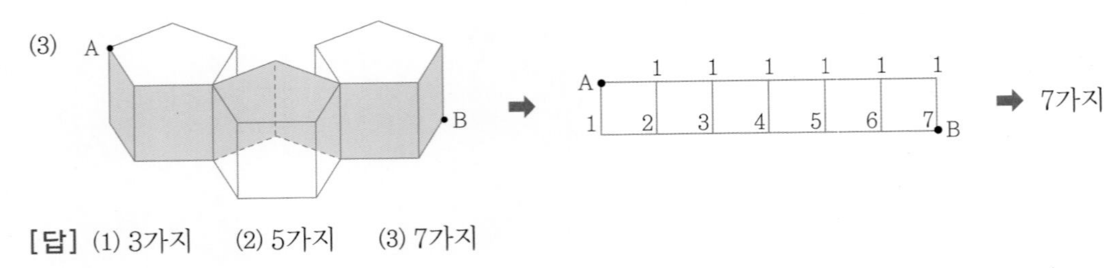

[답] (1) 3가지 (2) 5가지 (3) 7가지

P.95

[풀이] A, B, C, D 네 사람의 경기 수는 $4 \times 3 \div 2 = 6$에서 무승부는 없으므로 6승 6패가 나와야 합니다.

B, C, D의 이긴 횟수가 같으므로 B, C, D는 1승 2패 또는 2승 1패가 될 수 있습니다.

B, C, D가 1승 2패 → A는 3승 0패

B, C, D가 2승 1패 → A는 0승 3패

[답] 3승 0패, 0승 3패

[풀이] 승훈이가 형진이보다 1개를 더 맞혔고, 3번 문제만 다르게 답했습니다. 따라서 3번의 답은 ○입니다.

지우는 1개만 맞혔으므로 3번을 맞히고 나머지는 틀렸습니다. 1, 2, 4, 5번은 지우가 틀린 문제이므로 정답은 지우가 답한 것과 반대로 ○, ×, ○, ×가 됩니다.

[답] 풀이 참조

	1번	2번	3번	4번	5번
지우	×	○	○	×	○
승훈	○	×	○	×	○
형진	○	×	×	×	○
정답	○	×	○	○	×

4. 윷놀이

P.96

Free FACTO

[풀이] 4개의 막대를 각각 A, B, C, D라고 하고 모든 경우를 찾아보면 다음과 같습니다. ○는 앞, ×는 뒤를 나타냅니다.

A	B	C	D	
○	○	○	○	→ 윷
○	○	○	×	→ 걸
○	○	×	○	→ 걸
○	×	○	○	→ 걸

A	B	C	D	
×	○	○	○	→ 걸
○	○	×	×	→ 개
○	×	×	○	→ 개
×	×	○	○	→ 개

A	B	C	D	
○	×	○	×	→ 개
×	○	×	○	→ 개
×	○	○	×	→ 개
○	×	×	×	→ 도

A	B	C	D	
×	○	×	×	→ 도
×	×	○	×	→ 도
×	×	×	○	→ 도
×	×	×	×	→ 모

따라서 도는 4가지, 개는 6가지, 걸은 4가지, 윷은 1가지, 모는 1가지 나옵니다. 이 중에서 개가 가장 가짓수가 많으므로 나올 가능성이 가장 높습니다.

[답] 개

[풀이] 동전을 2개 던지면 다음과 같습니다.

앞 앞 – 1회

앞 뒤
뒤 앞) 2회

뒤 뒤 – 1회

따라서 ①, ③의 경우보다 ②가 더 많이 나옵니다.

[답] ②, 이유: 풀이 참조

[풀이] 주사위의 눈은 짝수가 2, 4, 6, 홀수가 1, 3, 5로 한 번 던질 때 짝수와 홀수가 나올 가능성은 같습니다. 주사위 2개를 던져 나온 두 눈의 합이 짝수이거나 홀수일 경우를 알아보면 다음 표와 같습니다.

+	짝수	홀수
짝수	짝수	홀수
홀수	홀수	짝수

따라서 4가지 경우 중 짝수도 2번, 홀수도 2번 나오므로 합이 짝수와 홀수일 가능성은 같습니다.

[답] 가능성은 같습니다, 이유: 풀이 참조

5. 공정한 게임 P.98

Free FACTO

[풀이] 주사위의 눈은 1, 2, 3, 4, 5, 6이므로 각 경우 100원, 200원, 300원, 400원, 500원, 600원을 받을 수 있습니다. 주사위의 눈이 1부터 6까지 나올 가능성은 같고, 액수의 평균은

$(100+200+300+400+500+600)\div6=350$(원)

이므로 참가비는 350원이 되는 것이 공정합니다.

[답] 350원

[풀이] 1, 2, 3, 4, 5, 6, 7, 8 각 경우 100원, 200원, 300원, …, 800원을 받을 수 있고, 이 금액의 평균은

$(100+200+300+400+500+600+700+800)\div8=450$(원)

입니다.

따라서 한 번 돌릴 때마다 450원씩 내고 원판을 돌리면 됩니다.

[답] 450원

[풀이] 100가지 경우 중 5만 원을 받는 경우는 1가지뿐이므로 한 장의 가치는

$50000\div100=500$(원)입니다.

[답] 500원

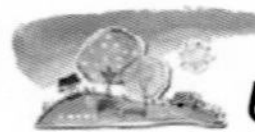

6. 알쏭달쏭한 확률 문제 P.100

Free FACTO

[풀이] 게임을 계속하여 넷째 번 주사위를 던졌을 때와 다섯째 번 주사위를 던졌을 때 주사위가 짝수, 홀수가 나오는 경우는 다음과 같습니다. 넷째 번에 홀수가 나오면 다섯째 번은 해 볼 필요도 없이 A가 이기지만 다섯째 번까지 하더라도 A가 이기는 것은 마찬가지이므로 경우의 수를 따져 보기 위해서 다섯째 번까지 나타냅니다.

넷째 번	다섯째 번	
홀수	(홀수)	A가 이김
	(짝수)	A가 이김
짝수	홀수	A가 이김
	짝수	B가 이김

A가 이기는 경우는 3가지이고 B가 이기는 경우는 1가지이므로 12개의 금화를 A는 9개, B는 3개로 나누어 가지는 것이 공정합니다.

[답] A: 9개, B: 3개, 이유: 풀이 참조

[풀이] 앞면 ○, 뒷면 ×로 나타내어 보면 다음과 같습니다.

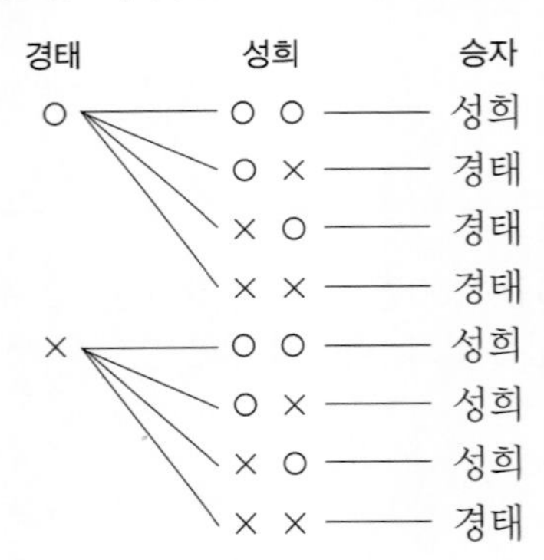

따라서 성희 4번, 경태 4번으로 누구에게도 유리하지 않은 공정한 게임입니다.

[답] 같습니다.

Creative 팩토 P.102

[풀이] 두 번 맞혀서 얻을 수 있는 점수를 모두 구해 보면 다음과 같습니다.

+	1	2	3
1	2	3	4
2	3	4	5
3	4	5	6

따라서 4점은 3가지, 3점과 5점은 각각 2가지, 2점과 6점은 각각 1가지 경우가 나옵니다.

[답] 4 → 3과 5 → 2와 6

[풀이] 의자를 순서대로 ①, ②, ③이라 하면 2명이 의자에 앉는 경우의 수는 $3\times2=6$(가지)
A와 B가 이웃하여 앉는 경우는 (①, ②),(②, ③)에 앉는 경우입니다. 이때, A와 B는 서로 자리를 바꾸어 앉을 수 있으므로 각각의 경우 2가지가 있습니다. 따라서 모두 4가지입니다.
A, B가 떨어져 앉을 경우는 전체에서 이웃하여 앉는 경우를 뺀 $6-4=2$(가지)입니다.
따라서 A, B가 붙어서 앉게 될 가능성이 더 큽니다.
[답] 붙어서 앉을 가능성이 더 큽니다, 이유: 풀이 참조

P.103

[풀이] 파란 구슬을 각각 ❶ ❷ ❸이라 하면, 구슬 2개를 꺼내는 경우는 다음과 같습니다.

●❶ ●❷ ●❸ ❶❷ ❶❸ ❷❸

색이 다를 때는 돈을 받지 못하고, 색이 같을 경우는 1200원을 받는데 같은 색과 다른 색이 나올 가능성이 같으므로 참가비는 $1200\div2=600$(원)이 되어야 공정합니다.
[답] 600원

[풀이] 게임을 계속하여 셋째 번, 넷째 번, 다섯째 번 동전을 던졌을 때의 경우를 생각해 보면 다음과 같습니다. (괄호를 한 부분은 해 볼 필요도 없이 영미가 이기지만 경우를 모두 따져 보기 위해서 나타낸 것입니다.)

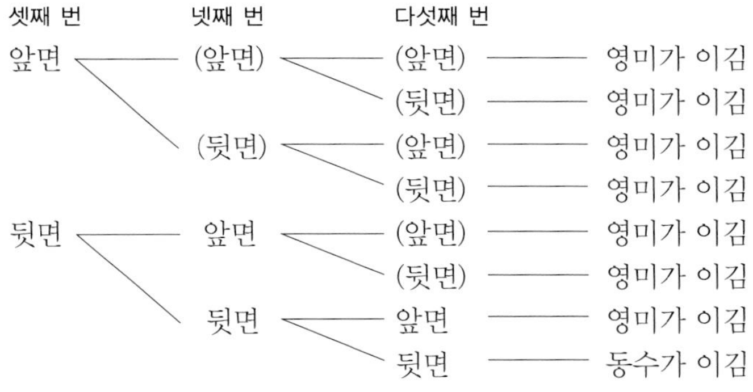

따라서 영미가 이기는 경우가 7가지이고 동수가 이기는 경우가 1가지이므로 24개의 구슬은 영미가 21개, 동수가 3개를 가지는 것이 공정합니다.
[답] 영미: 21개, 동수: 3개

P.104

[풀이] 두 개의 주사위를 던져서 나오는 눈의 합을 모두 구하면 다음과 같습니다.

+	1	2	3	4	5	6
1	2	3	4	5	6	7
2	3	4	5	6	7	8
3	4	5	6	7	8	9
4	5	6	7	8	9	10
5	6	7	8	9	10	11
6	7	8	9	10	11	12

따라서 7이 여섯 번으로 가장 많이 나옵니다.
[답] 7

[풀이] 나올 수 있는 모든 경우를 구하고, 각각의 경우 누가 이기는지 알아봅니다.

A	B	이기는 사람	A	B	이기는 사람	A	B	이기는 사람
2	3	태자	4	3	태달	9	3	태달
2	5	태자	4	5	태자	9	5	태달
2	7	태자	4	7	태자	9	7	태달

따라서 가능한 9가지 경우 중 태자가 이기는 경우는 5가지, 태달이가 이기는 경우는 4가지로 태자가 더 유리합니다.

[답] 태자

P.105

응용 07

[풀이] 1등은 1명으로 당첨금은 100만 원입니다.
일의 자리가 같은 경우는 일의 자리가 같은 10장 중에서 1등인 경우를 제외한 9장이므로 당첨금은 $9\times10=90$(만 원)입니다.
십의 자리가 같은 경우는 십의 자리가 같은 10장 중에서 1등인 경우를 제외한 9장이므로 당첨금은 $9\times10=90$(만 원)입니다.
따라서 총 당첨금은 $100+90+90=280$(만 원)이고, 복권은 100장이므로 복권 한 장의 가치는 $2800000\div100=28000$(원)입니다.

[답] 28000원

Thinking 팩토

P.106

[풀이] 서로 다른 색을 서로 다른 수로 표현하면 다음과 같습니다.

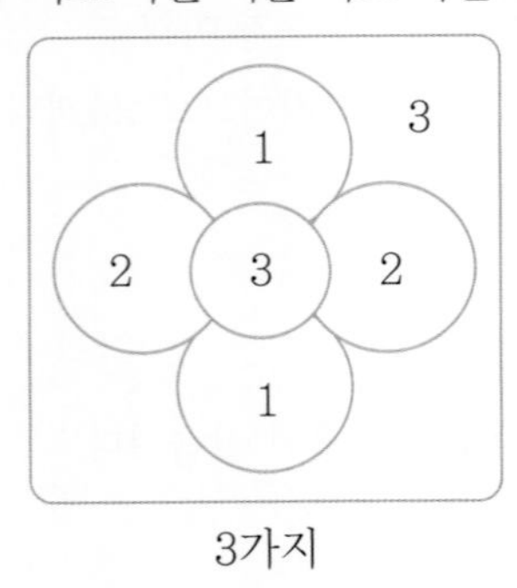

3가지

3가지

[답] 3가지, 3가지

[풀이] 보이지 않은 모서리를 그려서 각 점까지 최단 경로의 가짓수를 적으면 다음과 같습니다.

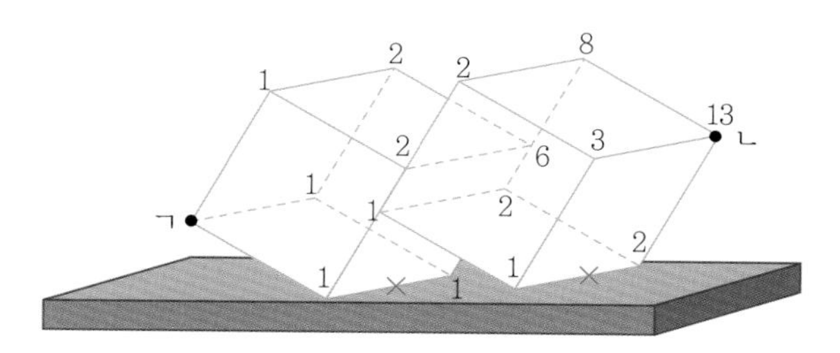

[답] 13가지

P.107

[풀이] 빨간 구슬 2개를 각각 ① ②, 파란 구슬 3개를 각각 ❶ ❷ ❸이라고 하면 2개를 꺼내는 경우는 다음과 같이 10가지가 있습니다.

①② ①❶ ①❷ ①❸ ②❶
②❷ ②❸ ❶❷ ❶❸ ❷❸

따라서 색이 서로 같을 경우는 4가지, 색이 서로 다를 경우는 6가지이므로 두 구슬의 색깔이 서로 다를 가능성이 높습니다.
[답] 색이 서로 다를 가능성이 높습니다.

[풀이] 다섯 명의 선수가 리그 방식으로 시합을 하면 모두 $5\times4\div2=10$(번)의 시합을 하게 됩니다. 시합을 1번 하면 이긴 선수가 2점, 진 선수가 0점을 얻거나 비긴 선수 2명이 1점씩을 받게 되므로 한 번의 시합에서 승점이 2점씩 주어집니다.
따라서 10번의 시합에서 주어지는 점수는 20점이고, A, B, C, D가 각각 6, 5, 4, 3점을 받았으므로 E의 점수는 $20-6-5-4-3=2$(점)입니다.
[답] 2점

P.108

[풀이] 그림과 같이 크기가 같은 삼각형으로 나누면 1은 3칸, 4는 2칸, 7은 1칸입니다.

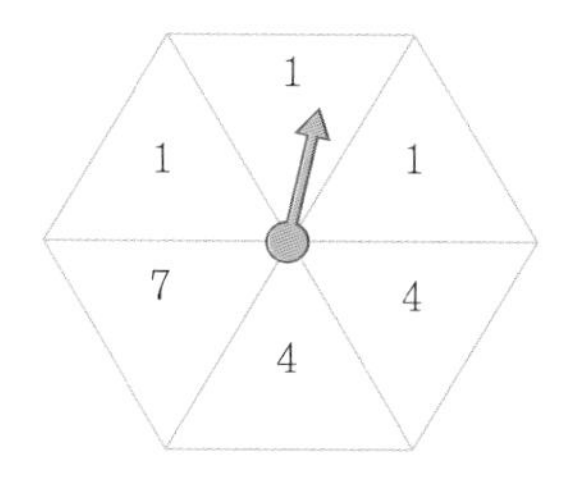

따라서 받을 수 있는 금화의 평균은
$1\times\frac{3}{6}+4\times\frac{2}{6}+7\times\frac{1}{6}=\frac{18}{6}=3$(개)입니다.
따라서 3개를 내야 공정한데 4개를 내므로 공정한 게임이 아닙니다.
[답] 공정한 게임이 아닙니다, 이유: 풀이 참조

[풀이] A 팀은 두 경기를 해서 최소 2점은 냈으므로 무승부가 있다면 적어도 7개의 메달이 되어야 합니다. 따라서 A 팀은 승리도, 무승부도 없습니다. 메달 6개는 6점을 내서 얻은 것입니다.
C 팀은 메달이 21개이고 두 경기에서 최소한 2점은 냈으므로 2승은 아닙니다. 따라서 1승이고, A 팀이 2패이므로 B 팀도 1승이 있어야 합니다. B 팀과 C 팀은 모두 2승은 아니므로 B 팀과 C 팀은 무승부입니다.
A 팀: 0승 0무 2패 → 6점
B 팀: 1승 1무 0패 → $10\times1+5\times1+4=19$(점)
C 팀: 1승 1무 0패 → $10\times1+5\times1+6=21$(점)
B 팀과 C 팀은 A 팀에게 이겼고 B 팀과 C 팀은 무승부이므로 B 팀은 A 팀에게 3: 2로,
C 팀은 A 팀에게 5: 4로 이겼습니다.
따라서 B 팀과 C 팀은 1: 1로 B 팀이 C 팀과의 경기에서 낸 점수는 1점입니다.
[답] 1점

[풀이] (1) 각각 1가지씩 있습니다.
(2) 흰색으로 두 면을 칠하는 서로 다른 방법은 이웃한 두 면을 흰색으로 칠하는 경우와 마주 보는 두 면을 흰색으로 칠하는 경우 두 가지입니다.
(3) 흰색으로 칠하는 면의 개수에 따라 만들 수 있는 모양의 개수는 다음과 같습니다.

면의 수	가짓수
3	2
4	2
5	1
6	1

[답] (1) 1가지, 1가지　(2) 2가지　(3) 2가지, 2가지, 1가지, 1가지

X 문제해결력 

 1. 마지막 수 P.112

Free FACTO

[풀이] 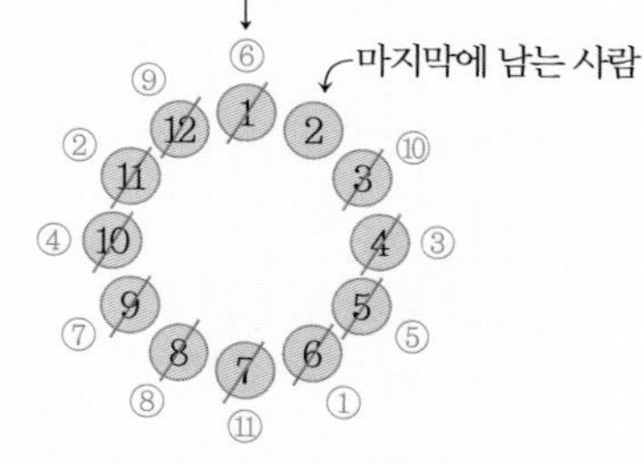

규칙을 따라 사람들을 차례로 지우면 ②번이 마지막까지 남게 됩니다.
따라서 가장 나이 어린 소년이 추장이 되려면, 가장 나이가 많은 사람의 왼쪽에 앉아야 합니다.
[답] 가장 나이가 많은 사람의 왼쪽에 앉습니다.

 [풀이] 규칙대로 건너뛰면서 수를 지우면 다음과 같습니다.

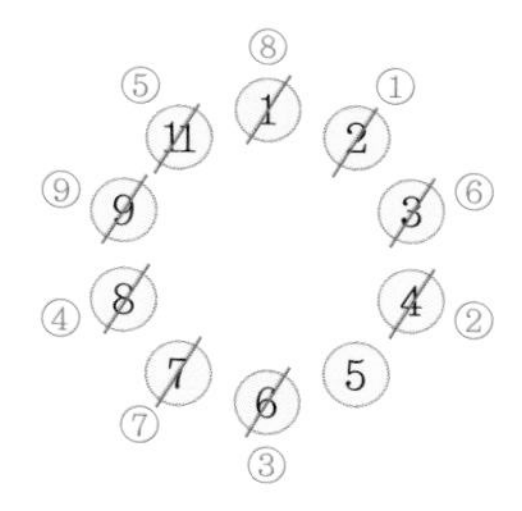

따라서 마지막으로 5가 남습니다.
[답] 5

 [풀이]

~~1~~, 2, ~~3~~, 4, ~~5~~, 6, ··················, 62, ~~63~~, 64 　 남는 수: 2의 배수
↓
~~2~~, 4, ~~6~~, 8, ~~10~~, ··················, 60, ~~62~~, 64 　 남는 수: 4의 배수
↓
~~4~~, 8, ~~12~~, 16, ~~20~~, ··················, 56, ~~60~~, 64 　 남는 수: 8의 배수
↓
~~8~~, 16, ~~24~~, 32, ~~40~~, 48, ~~56~~, 64 　 남는 수: 16의 배수
↓
~~16~~, 32, ~~48~~, 64 　 남는 수: 32의 배수
↓
~~32~~, 64 　 남는 수: 64의 배수

[답] 64

2. 성문지기 P.114

Free FACTO

[풀이]

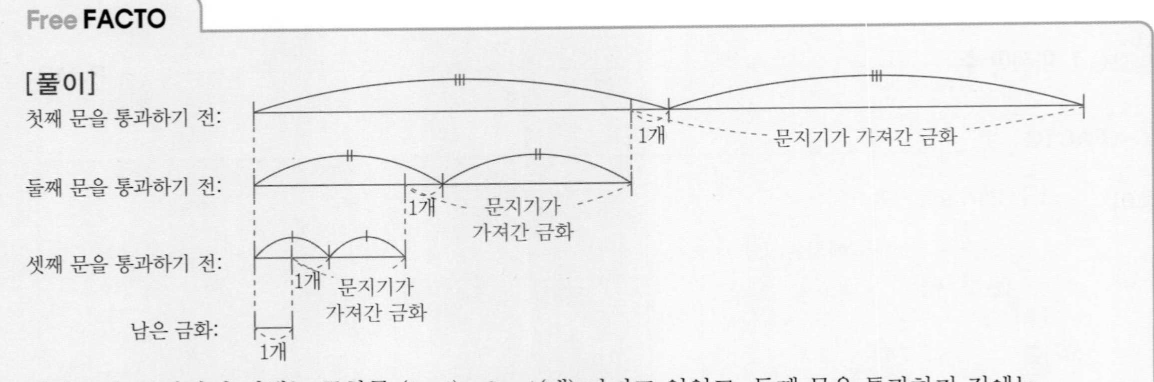

셋째 문을 통과하기 전에는 금화를 $(1+1)\times2=4$(개) 가지고 있었고, 둘째 문을 통과하기 전에는 $(4+1)\times2=10$(개), 첫째 문을 통과하기 전에는 $(10+1)\times2=22$(개) 가지고 있었으므로 상인이 처음에 가지고 있던 금화는 22개입니다.

[답] 22개

[풀이]

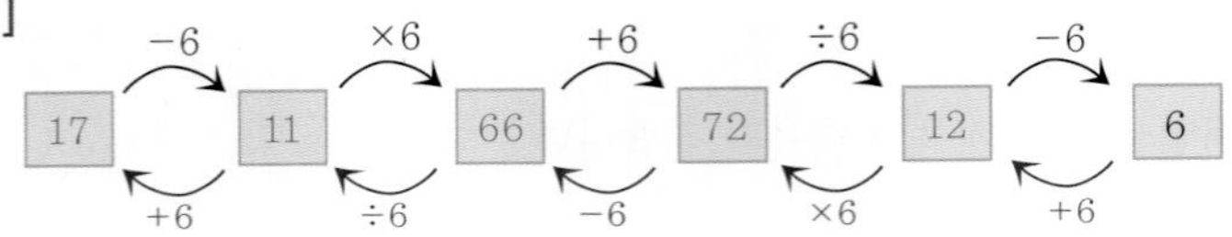

[답] 17

[풀이]

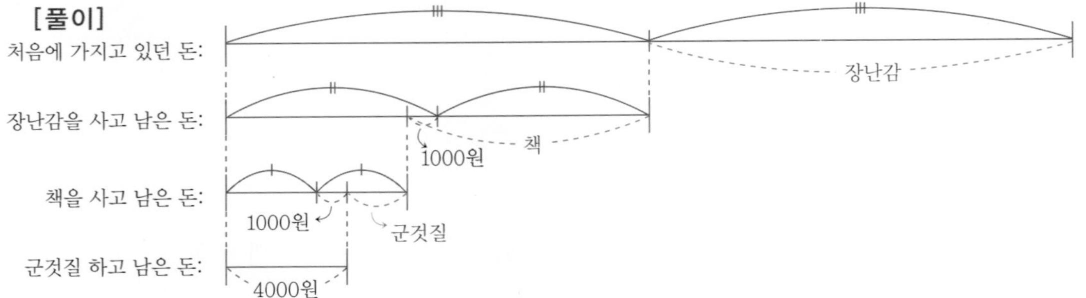

책을 사고 남은 돈은 $(4000-1000)\times2=6000$(원),
장난감을 사고 남은 돈은 $(6000+1000)\times2=14000$(원),
처음에 가지고 있던 돈은 $14000\times2=28000$(원)이므로 오늘 받은 용돈은 28000원입니다.

[답] 28000원

3. 주고받기 P.116

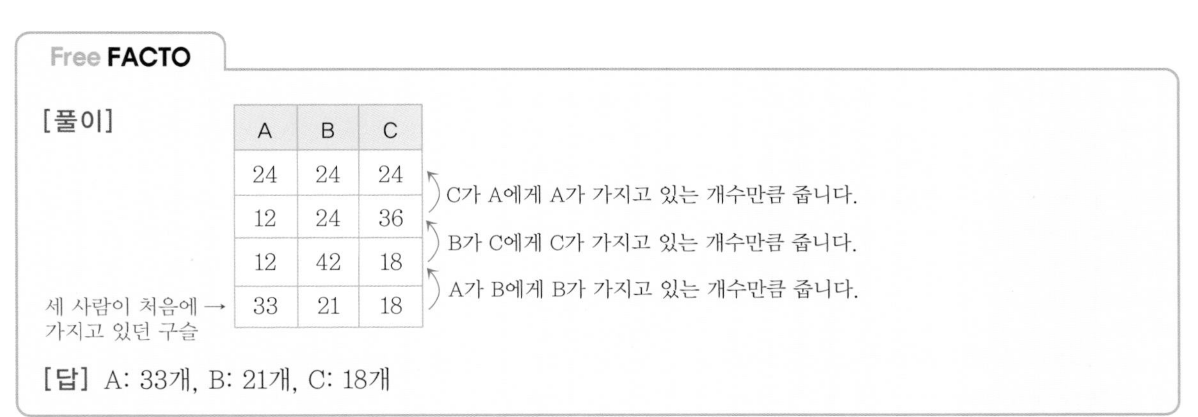

Free **FACTO**

[풀이]

	A	B	C	
	24	24	24	C가 A에게 A가 가지고 있는 개수만큼 줍니다.
	12	24	36	B가 C에게 C가 가지고 있는 개수만큼 줍니다.
	12	42	18	A가 B에게 B가 가지고 있는 개수만큼 줍니다.
세 사람이 처음에 가지고 있던 구슬 →	33	21	18	

[답] A: 33개, B: 21개, C: 18개

[풀이]

	유리컵	종이컵	
	40	40	종이컵에 들어 있는 양만큼을 유리컵에서 종이컵으로 붓습니다.
	60	20	유리컵에 들어 있는 양만큼을 종이컵에서 유리컵으로 붓습니다.
	30	50	종이컵에 들어 있는 양만큼을 유리컵에서 종이컵으로 붓습니다.
처음에 들어 있던 물의 양 →	55	25	

[답] 유리컵: 55mL, 종이컵: 25mL

[풀이]

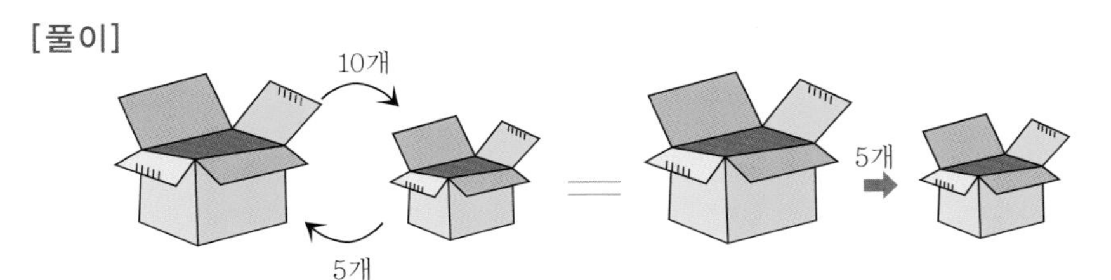

유성이 동생의 행동 한 번은 큰 상자에서 작은 상자로 공을 5개 옮기는 것과 같습니다. 10번 반복했을 때 큰 상자에서 작은 상자로 공이 $5 \times 10 = 50$(개)가 옮겨졌고, 11번째에 10개가 더 옮겨졌습니다. 이때 큰 상자가 비었으므로 처음에 큰 상자에는 공이 $5 \times 10 + 10 = 60$(개) 있었음을 알 수 있습니다. 따라서 처음에 작은 상자에는 큰 상자의 절반인 30개의 공이 있었고, 유성이는 총 90개의 공을 가지고 있었음을 알 수 있습니다.

[답] 90개

Creative 

P.118

1 [풀이]

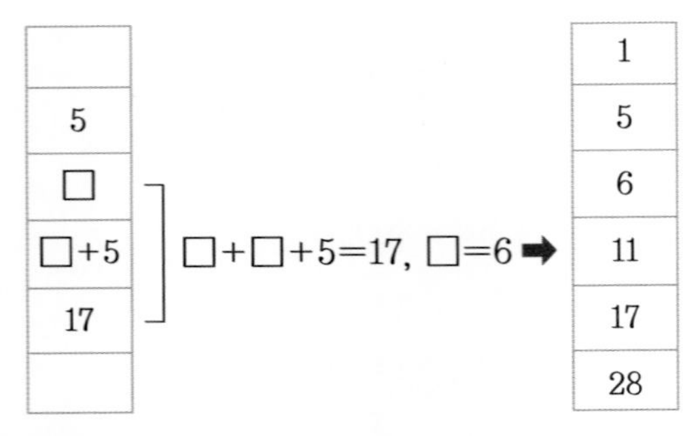

□+□+5=17이므로 □=6입니다.

[답] 풀이 참조

2 [풀이] 문제의 규칙에 맞게 카드를 한 번 빼고 넣으면 다음과 같이 3의 배수가 적힌 카드가 남습니다.

3, 6, 9, 12, 15, 18, 21, 24, 27, 30, ⋯, 78, 81

다시 두 장을 버리고 한 장을 아래에 넣으면 다음과 같이 9의 배수가 적힌 카드가 남습니다.

9, 18, 27, 36, 45, 54, 63, 72, 81

따라서 같은 방법으로 하면 마지막에 남는 카드에 쓰여진 수는 81입니다.

[답] 81

P.119

3 [풀이]

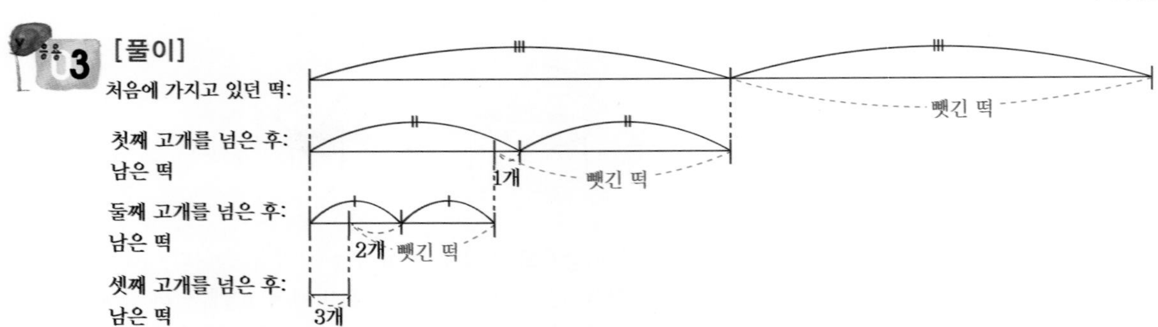

둘째 고개를 넘은 후에는 (3+2)×2=10(개), 첫째 고개를 넘은 후에는 (10+1)×2=22(개)를 가지고 있었고, 처음에는 22×2=44(개) 가지고 있었습니다.

떡 44개 중에서 남은 떡이 3개이므로 호랑이에게 준 떡은 44−3=41(개)입니다.

[답] 41개

4 [풀이]

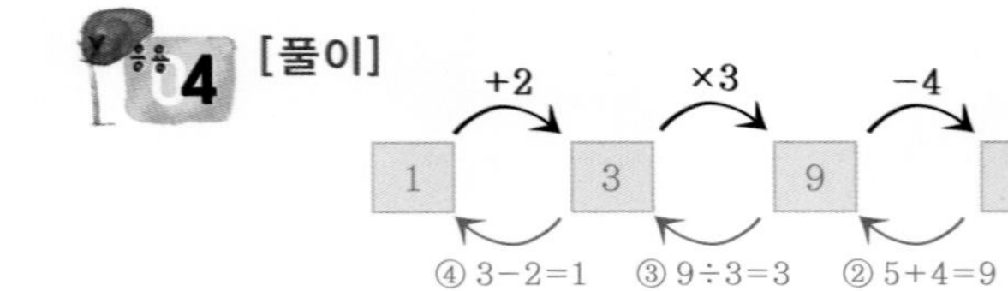

[답] 1

P.120

[풀이]

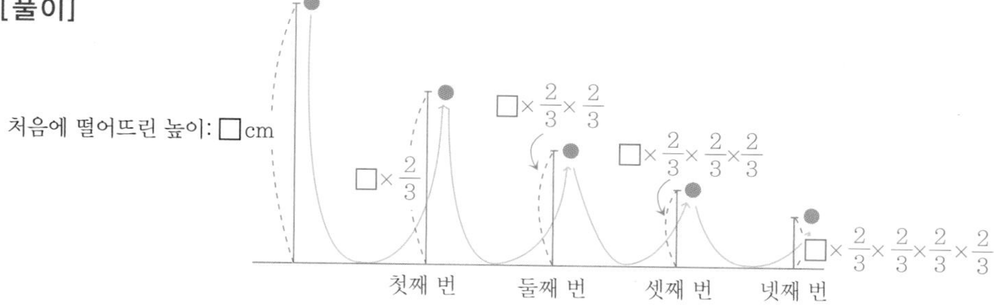

$\square\times\frac{2}{3}\times\frac{2}{3}\times\frac{2}{3}\times\frac{2}{3}=16$

$\square\times\frac{16}{81}=16$, $\square=81$

[답] 81

[풀이]

A	B	C
12	12	12
14	12	10
14	9	13
10	13	13

A가 C에게 사탕 2개를 줍니다.
C가 B에게 사탕 3개를 줍니다.
B가 A에게 사탕 4개를 줍니다.
처음에 가지고 있던 사탕 →

[답] A: 10개, B: 13개, C: 13개

P.121

[풀이]

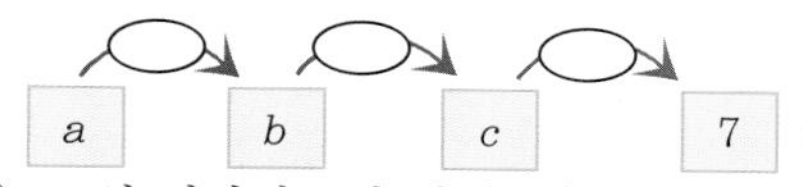

이라 하면,

c: (홀수)+3의 결과가 7이 될 수 없으므로 (짝수)÷2=7에서의 14만 가능합니다.

b: (홀수)+3=14에서의 11이 가능하고 (짝수)÷2=14에서의 28도 가능합니다.

a: (홀수)+3의 결과가 11이 될 수 없으므로 (짝수)÷2=11에서의 22만 가능합니다.
(홀수)+3=28에서의 25가 가능하고 (짝수)÷2=28에서의 56도 가능합니다.

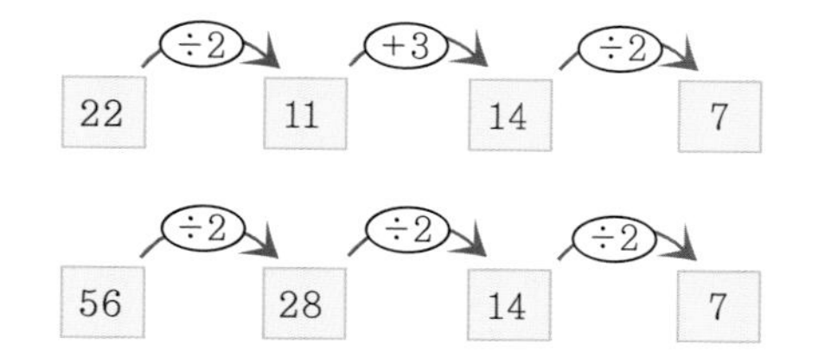

25 →(+3) 28 →(÷2) 14 →(÷2) 7

[답] 22, 25, 56

[풀이]

명석	종찬	지우
10	20	40
20	40	10
40	10	20
10	20	40

지우가 이깁니다.
종찬이가 이깁니다.
명석이가 이깁니다.
처음에 가지고 있던 칩 →

[답] 명석: 10개, 종찬: 20개, 지우: 40개

4. 거리와 속력 P.122

Free FACTO

[풀이] (1) 두 사람은 1분에 100+50=150(m)씩 가까워지므로 600m가 가까워지기 위해서는 600÷150=4(분)이 걸립니다.

(2) 두 사람은 1분에 100−50=50(m)씩 가까워지므로 600m가 가까워지기 위해서는 600÷50=12(분)이 걸립니다.

[답] (1) 4분 후 (2) 12분 후

[풀이]

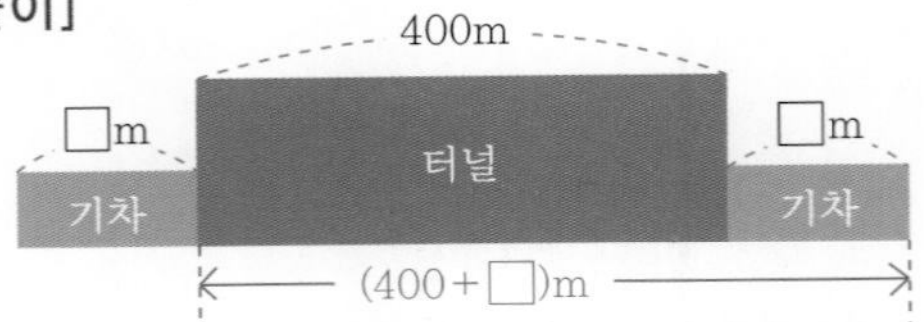

비례식으로 풀어 보면, 1초에 30m를 달리는 기차가 20초에 (400+□)m를 달렸으므로

1: 30=20: (400+□)

400+□=600

□=200

따라서 기차의 길이는 200m입니다.

[답] 200m

[풀이] 두 미사일은 60분에 300+600=900(km) 가까워지므로 1분에 900÷60=15(km) 가까워집니다.

따라서 충돌하기 1분 전에 두 미사일은 15km 떨어져 있었습니다.

[답] 15km

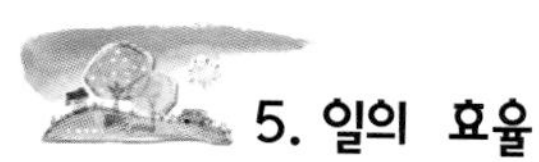

5. 일의 효율

P.124

Free FACTO

[풀이] 전체 일의 양을 1이라 할 때, 지윤이가 하루에 하는 일의 양은 $\frac{1}{20}$, 성훈이가 하루에 하는 일의 양은 $\frac{1}{30}$입니다.

두 사람이 함께 하루에 하는 일의 양은 $\frac{1}{20}+\frac{1}{30}$이므로 두 사람이 함께 일한다면

$1\div(\frac{1}{20}+\frac{1}{30})=1\div\frac{1}{12}=12$(일) 만에 일이 끝납니다.

[답] 12일

[풀이] 명석: 60분에 300개를 나르므로 1분에는 $300\div60=5$(개)를 나릅니다.
동환: 30분에 300개를 나르므로 1분에는 $300\div30=10$(개)를 나릅니다.
명석이와 동환이는 함께 1분에 $(5+10)$개를 나릅니다.
비례식으로 풀어 보면,
1분: 15개$=\square$분: 300개
$\square=300\div15=20$
따라서 두 사람이 벽돌을 모두 나르는 데 20분이 걸립니다.
[답] 20분

[풀이] 4분 동안 소가 마신 물의 양: 전체의 $\frac{4}{20}=$ 전체의 $\frac{1}{5}$

소가 마신 후 남은 물의 양: 전체의 $(1-\frac{4}{20})=$전체의 $\frac{4}{5}$

말이 전체의 $\frac{4}{5}$만큼의 물을 마셔야 하는데 말은 1분에 전체의 $\frac{1}{15}$의 물을 마시므로

$\frac{4}{5}\div\frac{1}{15}=12$(분) 후에 물통의 남은 물을 모두 마십니다.

[답] 12분 후

6. 뉴턴산

P.126

Free FACTO

[풀이] 소 1마리가 1일 동안 먹는 풀의 양을 1이라 하면,

① 소 6마리가 1일 동안 먹는 양은 6, 소 6마리가 8일 동안 먹는 양은 $6 \times 8 = 48$입니다.

② 소 5마리가 1일 동안 먹는 양은 5, 소 5마리가 10일 동안 먹는 양은 $5 \times 10 = 50$입니다.

①에서 (처음의 풀의 양)+(8일 동안 자란 풀의 양)=48이고,

②에서 (처음의 풀의 양)+(10일 동안 자란 풀의 양)=50이므로 2일 동안 자란 풀의 양이 2 즉, 1일 동안 자란 풀의 양이 1임을 알 수 있고, 처음의 풀의 양은 $48-8=40$임을 알 수 있습니다.

이제 소 3마리가 며칠 만에 전체 풀을 먹느냐를 생각해 보면, 일단 전체 풀의 양은 1일에 1씩 커진다는 점을 알고 있어야 합니다.

소 3마리가 1일 동안 먹는 풀의 양은 3, 전체 풀의 양은 40이지만,

소 3마리가 10일 동안 먹는 양은 30, 전체 풀의 양은 $40+10=50$입니다.

이와 같이 해 보면 소 3마리가 20일 동안 먹는 양은 60, 전체 풀의 양은 $40+20=60$이 되어 20일 만에 풀이 모두 없어지게 됨을 알 수 있습니다.

[답] 20일

[풀이] 하루 동안 한 마리의 양이 있는 풀의 양을 1이라 하면,

6마리가 5일 동안 먹은 풀의 양은 30이고, 4마리가 10일 동안 먹은 풀의 양은 40입니다.

따라서 $10-5=5$일 동안 늘어난 풀의 양은 $40-30=10$이고, 하루에 $10 \div 5=2$만큼의 풀이 자라는 것을 알 수 있습니다.

또, 6마리가 5일 동안 먹은 풀의 양 30에서 5일 동안 자란 풀의 양인 10을 뺀 값 $30-10=20$이 원래 있던 풀의 양이 됩니다.

따라서 원래 있던 풀의 양과 2일 동안 자라게 될 풀의 양을 더한 $20+2\times2=24$만큼을 2일 동안 먹으려면 $24 \div 2=12$(마리)의 양이 필요합니다.

[답] 12마리

[별해] 원래 있던 풀의 양을 A, 하루에 자라는 풀의 양을 B, 한 마리 양이 하루 동안 먹는 풀의 양을 1이라 하면

$A+B\times5=6\times5=30$, $A+B\times10=4\times10=40$

이고, 두 식을 모두 만족하는 A, B를 구하면 $A=20$, $B=2$임을 알 수 있습니다.

따라서 원래 있던 풀과 2일 동안 자란 풀의 양은 $20+2\times2=24$이고, 2일 동안 모두 먹으려면 $24 \div 2=12$(마리)의 양이 필요합니다.

Creative 팩토

P.128

[풀이]

1명이 1일 동안 하는 일의 양 → 1

10명이 1일 동안 하는 일의 양 → $1\times10=10$

10명이 7일 동안 하는 일의 양 → $10\times7=70$ 전체 일의 양

□명이 5일 동안 하는 일의 양 → 70이어야 하므로 $70\div5=14$(명)의 일꾼이 일해야 합니다.

[답] 14명

[풀이] 6대 → 4통 필요 ($\div2$, $\div2$)

⬇

3대 → 2통 필요 ($\times9$, $\times9$)

⬇

27대 → 18통 필요

[답] 18통

P.129

[풀이]

청소부 1명이 1시간 동안 하는 청소의 양 → 1

청소부 10명이 1시간 동안 하는 청소의 양 → $1\times10=10$

청소부 10명이 10시간 동안 하는 청소의 양 → $10\times10=100$ 전체 청소의 양

청소부 4명이 4시간 동안 하는 청소의 양 → $4\times4=16$이므로 남은 청소의 양은 $100-16=84$입니다.

청소부 6명이 □시간 동안 하는 일의 양 → 84이어야 하므로 $84\div6=14$(시간) 동안 더 해야 청소가 끝납니다.

[답] 14시간

[풀이] 말 1마리가 1일 동안 먹는 풀의 양 → 1

① 말 10마리가 10일 동안 먹을 풀의 양 → $10\times10=100$

② 말 14마리가 5일 동안 먹을 풀의 양 → $14\times5=70$

①에서 (처음의 풀의 양)+(10일 동안 자란 풀의 양)=100이고

②에서 (처음의 풀의 양)+(5일 동안 자란 풀의 양)=70이므로 5일 동안 자란 풀의 양이 30 즉, 1일 동안 자라는 풀의 양이 6임을 알 수 있고, 처음의 풀의 양은 $100-60=40$임을 알 수 있습니다. 따라서 목장의 풀의 양이 처음 그대로 유지되려면 1일 동안 자라는 6만큼의 풀을 1일 동안 말이 먹어야 하므로 말 6마리를 넣어야 합니다.

[답] 6마리

P.130

[풀이]

기술자 4명이 4일 동안 만드는 자동차의 수 → 4대

기술자 4명이 1일 동안 만드는 자동차의 수 → $4\div4=1$(대)

기술자 4명이 5일 동안 만드는 자동차의 수 → $1\times5=5$(대)

[답] 4명

[풀이] 물통에 물이 채워지는 시간은 60분, 빠지는 시간은 40분이므로 가득 찬 물통의 물의 양을 60과 40의 최소공배수인 120으로 정합니다.

물이 채워지는 양: 60분 → 120 　　　　 물이 빠지는 양: 40분 → 120

　　　　　　　　　1분 → 2 　　　　　　　　　　　　　 1분 → 3

이므로 물은 1분에 $3-2=1$만큼 빠지게 됩니다.

따라서 120의 물이 모두 빠지려면 120분이 걸립니다.

[답] 120분(=2시간)

P.131

[풀이] 정지된 에스컬레이터에서 갑수는 1초에 2계단 내려가므로 20초에는 40계단을 내려갑니다. 그러나 움직이는 에스컬레이터에서는 갑수가 20초에 전체 60계단을 내려가게 되므로 에스컬레이터는 20초에 $60-40=20$(계단) 즉, 1초에 1계단을 내려감을 알 수 있습니다.

정지된 에스컬레이터에서 을용이는 1초에 1계단 내려가고, 에스컬레이터도 1초에 1계단을 내려 가므로 움직이는 에스컬레이터에서 을용이가 전체 60계단을 내려가기 위해서는 을용이가 30계단, 에스컬레이터가 30계단을 내려가면 됩니다.

따라서 을용이가 완전히 내려가는 데 30초가 걸립니다.

[답] 30초

[풀이] 아버지와 동호는 1분에 $90+60=150$(m) 가까워지므로 6km=6000m가 가까워지려면 $6000\div150=40$(분)이 걸립니다. 즉, 40분 후에 아버지와 동호가 만나므로 1분에 100m를 달리는 강아지가 40분 동안 $40\times100=4000$(m)를 달리게 됩니다 .

[답] 4000m

Thinking 팩토

P.132

[풀이]

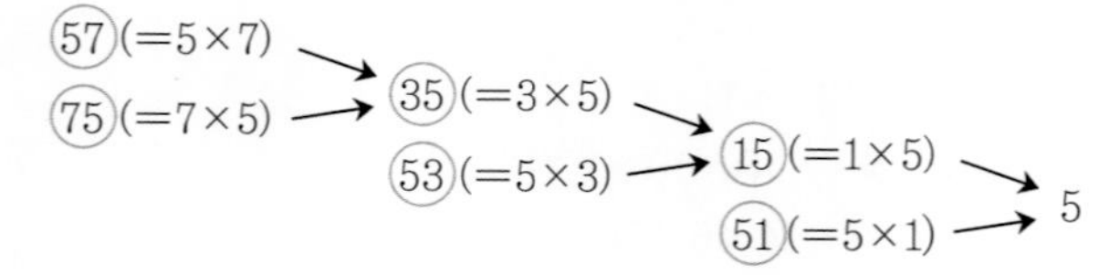

[답] 15, 35, 51, 53, 57, 75

[풀이]

6	a	b	c	d	4	e

$6+a+b$가 15가 되어야 하므로 $a+b=9$, $a+b+c$도 15가 되어야 하므로 $c=15-(a+b)=6$입니다. 이 규칙에 맞게 빈칸을 채웁니다.

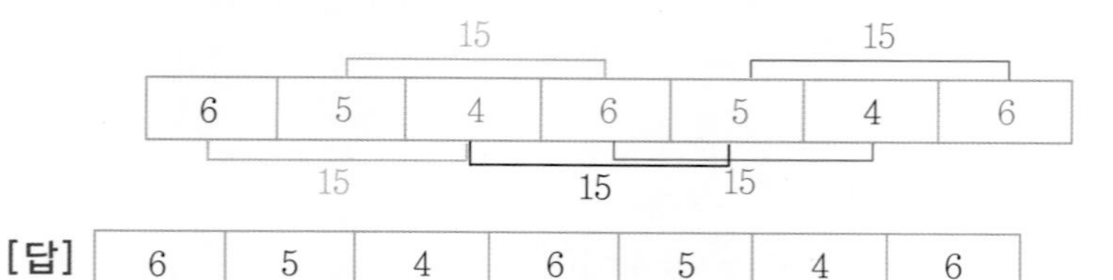

[답]

6	5	4	6	5	4	6

P.133

[풀이]

(1) ① 32[△][△][△]: 32×2×2×2=256

② 24[△][△]: 24×2×2=96, 96[○]: 96 ➡ 9

③ 1729[○][○]: 1729 ➡ 17, 17[△]: 17×2=34

④ 215[○]: 215 ➡ 21, 21[△][△]: 21×2×2=84, 84[○]: 84 ➡ 8

(2)

2를 곱해 17이 나올 수는 없으므로 마지막 연산기호는 [○]이고, 17[ ]에서 끝자리 수를 지웠음을 알 수 있습니다.

28×2×2×2×2×2=896, 896[○] ➡ 89, 89×2=178 이므로 답은

28 [△][△][△][△][△][○][△][○] ➡ 17

[답] (1) ① 256 ② 9 ③ 34 ④ 8

(2) 28 [△][△][△][△][△][○][△][○] ➡ 17

P.134

[풀이] 양 1마리가 1일 동안 먹는 풀의 양 → 1

① 양 5마리가 20일 동안 먹는 풀의 양 → 5×20=100

② 양 7마리가 10일 동안 먹는 풀의 양 → 7×10=70

①에서 (처음 풀의 양)+(20일 동안 자란 풀의 양)=100이고,

②에서 (처음 풀의 양)+(10일 동안 자란 풀의 양)=70이므로 10일 동안 자란 풀의 양이 30 즉, 1일 동안 자라는 풀의 양이 3임을 알 수 있고, 처음의 풀의 양은 70−30=40임을 알 수 있습니다.

따라서 5일 동안의 전체 풀의 양은 40+3×5=55이고 이를 5일 만에 모두 없어지게 하려면 양은 55÷5=11(마리)가 필요합니다.

[답] 11마리

[풀이] 농부의 수를 □라 하면,

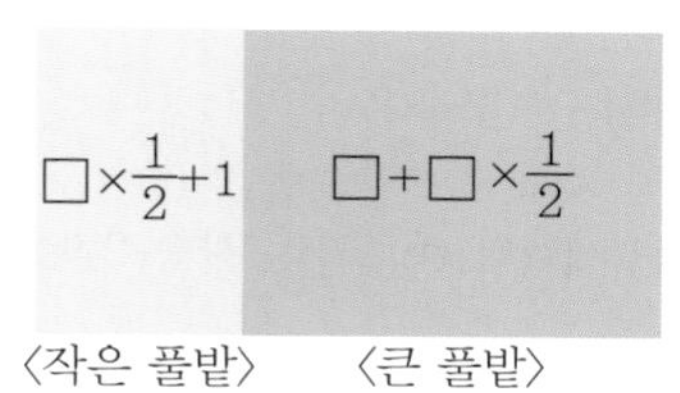

큰 풀밭은 작은 풀밭의 2배이므로

$\square\times\frac{1}{2}+1+\square\times\frac{1}{2}+1=\square+\square\times\frac{1}{2}$

$\square+2=\square\times\frac{3}{2}$

$\square\times\frac{1}{2}=2$

$\square=4$

따라서 풀을 벤 농부는 모두 4명입니다.

[답] 4명

P.135

[풀이] 배의 빠르기가 시속 30km이므로 60분에 30000m 즉, 1분에 30000÷60=500(m) 갑니다.

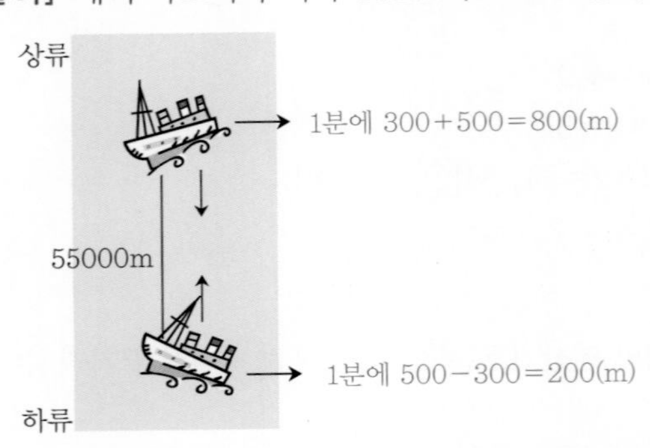

두 배는 1분에 800+200=1000(m)씩 가까워지므로 55km=55000m가 가까워지려면 55000÷1000=55(분)이 걸립니다.

[답] 55분

[풀이] 두 기차의 길이를 각각 □, 2×□라고 하면,

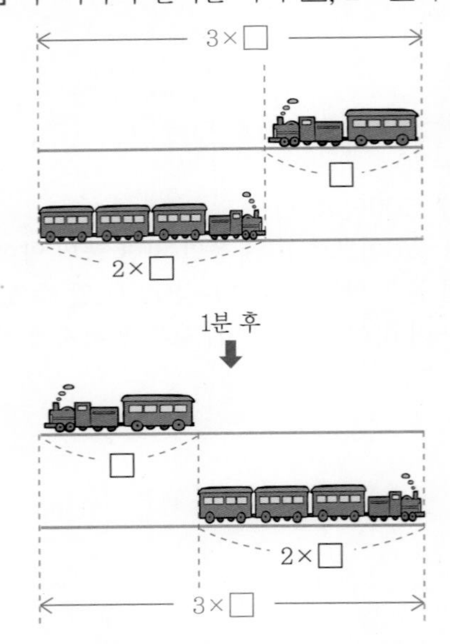

1분 동안 두 기차의 이동 거리를 더하면 3×□입니다. 두 기차의 빠르기는 시속 27km이므로 1분에 각각 $27\times\frac{1000}{60}$=450(m)를 갑니다.

3×□=450+450
3×□=900
□=300(m)

따라서 짧은 기차의 길이는 300m, 긴 기차의 길이는 600m입니다.

[답] 600m

팩토는 자유롭게 자신감있게 창의적으로
생각하는 주·니·어·수·학·자입니다.

Free **A**ctive **C**reative **T**hinking **O**. Junior mathtian

논리적 사고력과 창의적 문제해결력을 키워 주는

매스티안 교재 활용법!

대상	창의사고력 교재		연산 교재
	팩토슐레 시리즈	팩토 시리즈	원리 연산 소마셈
4~5세	팩토슐레 Math Lv.1 (6권)		
5~6세	팩토슐레 Math Lv.2 (6권)	킨더팩토 A / 킨더팩토 B / 킨더팩토 C / 킨더팩토 D	소마셈 K시리즈 K1~K8
6~7세	팩토슐레 Math Lv.3 (6권)		
7세~초1		키즈 원리A, 탐구A / 키즈 원리B, 탐구B / 키즈 원리C, 탐구C	소마셈 P시리즈 P1~P8
초1~2		Lv.1 원리A, 탐구A / Lv.1 원리B, 탐구B / Lv.1 원리C, 탐구C	소마셈 A시리즈 A1~A8
초2~3		Lv.2 원리A, 탐구A / Lv.2 원리B, 탐구B / Lv.2 원리C, 탐구C	소마셈 B시리즈 B1~B8
초3~4		Lv.3 원리A, 탐구A / Lv.3 원리B, 탐구B / Lv.3 원리C, 탐구C	소마셈 C시리즈 C1~C8
초4~5		Lv.4 기본A, 실전A / Lv.4 기본B, 실전B	소마셈 D시리즈 D1~D6
초5~6		Lv.5 기본A, 실전A / Lv.5 기본B, 실전B	
초6~		Lv.6 기본A, 실전A / Lv.6 기본B, 실전B	